RECUEIL

DE PROBLÈMES.

Cet ouvrage se trouve :

A Arcis, chez l'Auteur,
chez Frémont, imprimeur-libraire;
Et chez tous les libraires du département de l'Aube.

RECUEIL
DE PROBLÈMES

RELATIFS AU CALCUL DÉCIMAL APPLIQUÉ AU SYSTÈME MÉTRIQUE;

OU

EXERCICES

PROPRES A FORMER LE JUGEMENT DES JEUNES-GENS ET A LES FAMILIARISER AVEC TOUTES LES OPÉRATIONS DE L'ARITHMÉTIQUE.

Par J.-B.-A. Dutripon,

INSTITUTEUR PRIMAIRE SUPÉRIEUR A ARCIS-SUR-AUBE.

ARCIS-SUR-AUBE,

IMPRIMERIE ET LIBRAIRIE DE FRÉMONT.

1842.

AVIS.

La première partie de ce traité a été consacrée à la *théorie* du calcul arithmétique et décimal. Les préceptes ont été suivis de plusieurs problèmes propres à exercer les jeunes intelligences auxquelles cet ouvrage est destiné; il ne contient rien de difficile qui puisse les effrayer ou rebuter, car il dit assez et rien de trop. Tout est proportionné aux capacités d'un âge encore incapable de réflexions profondes, apte cependant à saisir des principes d'éternelle vérité.

Mais les jeunes *instituteurs* qui veulent se fortifier de plus en plus dans l'application et l'usage de l'analyse, qui désirent, dans une question compliquée, passer des quantités connues à celles qui sont à trouver, ne seront pas fâchés de s'exercer à la solution de quelques difficultés accessibles au raisonnement appuyé sur des principes incontestables. C'est donc un service à leur rendre que de leur donner des modèles à suivre dans les classes où ils auront des élèves déjà doués de la faculté de coordonner leurs idées pour arriver à des résultats satisfaisants, sanctionnés par l'évidence. Nous désirons, pour ainsi dire, *conduire nos adeptes* par la main dans les voies d'un raisonnement exact, et venir à leur aide dans la carrière de l'instruction; nous désirons obtenir de nos lecteurs quelques preuves de sympathie qui seront la plus douce et la plus réelle récompense de nos travaux.

RECUEIL

DE

PROBLÈMES.

DE L'ADDITION.

I.

Une personne doit recevoir à la même époque les six sommes suivantes, savoir : un billet de 586 francs, 25 centimes; un autre de 75 francs, 65 centimes; un troisième de 95 francs, 68 centimes; un quatrième de 38 francs, 72 centimes; une somme de 789 francs provenant d'une vente de biens, et enfin une rente de 67 francs.

Combien recevra-t-elle en tout?

OPÉRATION.

1er billet...	536 fr.	25 c.
2me *idem*...	75	65
3me *idem*...	95	68
4me *idem*...	38	72
Vente de...	789	26
Rente de...	67	00
TOTAL...	1.652 fr.	56 c.

RÉPONSE : Elle recevra 1.652 fr., 56 centimes.

II.

Quelqu'un a un revenu qu'on ne connaît pas, mais on sait qu'en relevant ses comptes d'une année, il s'est trouvé avoir dépensé : 1.586 francs, 24 centimes pour sa nourriture ; 387 francs pour son loyer ; 638 francs, 45 centimes pour son habillement ; 425 francs pour la tenue de sa maison ; 759 francs, 36 centimes pour ses dépenses extraordinaires, et qu'il lui restait encore 283 fr., 64 centimes.

Quel est le revenu ?

OPÉRATION.

Nourriture........	1.586 fr.,	24 c.
Loyer............	387	00
A REPORTER...	1.973 fr.,	24 c.

REPORT......	1.975 fr.,	24 c.
Habillement.......	638	45
Tenue de maison..	425	00
Dépenses extraord..	759	36
Reste.............	283	64
REVENU total.....	4.079 fr.,	69 c.

III.

Un cultivateur doit à son maréchal..	178 fr.,	85 c.
à son charron......	286	78
à son bourrelier. ...	159	02
à ses moissonneurs..	205	90
et à son marchand de vin.	95	75
Combien doit-il en tout?		
TOTAL.........	926 fr.,	50 c.

Il doit en tout 926 francs, 50 centimes.

IV.

On demande quelle était la longueur totale de trois pièces de drap qui ont été vendues en sept coupons, savoir :

Le premier contenant....	*9 m.*	*45 cent.*
Le deuxième...........	12	08
Le troisième...........	6	4 décim.
Le quatrième..........	17	82 cent.
A REPORTER....	45 m.	75 cent.

1.

REPORT.........	45 m.,	75 c.
Le cinquième...........	108	25
Le sixième.............	25	»
Et le septième............	4	17
RÉPONSE......	183 m.,	17 centim.

V.

Une personne doit à son laboureur les frais de culture de différentes pièces de terre, et désirerait savoir ce qu'elles contiennent en tout?

La première contient.	2 hect.,	25 ares,	86 c.
La deuxième.........	0	92	73
La troisième.........	5	09	15
La quatrième.........	2	18	07
La cinquième.........	0	49	55
La sixième...........	4	93	86
La septième..........	1	07	63
RÉPONSE......	16 hect.,	96 ares,	85 c.

VI.

Quelle est la charge totale d'un chariot qui transporte cinq caisses de savon, pesant chacune, savoir :

La première....	458 kilogr.,	45 décagr.
La deuxième....	265	786 grammes.
A REPORTER...	724 kilogr.,	236 grammes.

Report....	724 kilogr.,	256 grammes.
La troisième....	49	075
La quatrième...	903	29 décagr.
Et la cinquième.	482	027 grammes.
Réponse.....	2.158 kilogr.,	628 grammes.

VII.

Une personne a acheté du sucre chez un épicier à quatre fois différentes : elle en a acheté la première fois 8 kilogrammes, 5 grammes, 4 décigrammes; la deuxième fois, 5 hectogrammes, 6 centigrammes; la troisième fois, 9 décagrammes, 8 milligrammes; et la quatrième fois, 75 grammes.

Quel est le poids total de ces quatre quantités?

8.005 gr.,	4 décigr.
500	06 centigr.
90	008 milligr.
75	»
8.670 gr.,	468 milligrammes,

ou 8 kilogrammes, 6 hectogrammes, 7 *décagr., 4 décigr., 6 centigr., 8 milligrammes.*

VIII.

Quelqu'un qui a reçu cinq ballots de marchandises, désire en connaître le poids total?

	Myriag.	Kilog.	Hect.	Décag.	Gram.,	Décig.	Cent.
Le 1er pèse. .	5	3	7	8	6	4	2
Le 2me.	0	9	6	0	7	5	4
Le 3me.	3	4	5	7	0	0	9
Le 4me.	0	6	0	3	5	9	6
Et le 5me . . .	0	5	3	2	1	7	3
TOTAL. . . .	10	9	3	2	1	7	4

Ou 109.321 grammes, 74 centigrammes.

IX.

Un individu s'est marié à 24 ans; 7 ans après son mariage, il a eu un fils qui est mort à 35 ans, et auquel il a survécu 9 ans.

A quel âge est-il mort?

24 + 7 + 35 + 9 = 75 ans, âge du père.

X.

Trois personnes se sont partagé une somme. La première a eu 3.745 francs; la deuxième autant que la première, plus 524 francs; la troisième, autant que les deux premières, plus 87 francs. Il restait 29 francs à partager. Quelle a été la part de chaque personne et le total des sommes?

1re 3.745 francs;

2me 3,745 + 524 = 4.269 francs;

3me 3.745 fr. + 4.269 + 87 = 8.101 francs.

3.745 + 4.269 + 8.101 + 29 = 16.144 fr., total demandé.

XI.

Un ouvrier a fait, en 25 jours, 186 mètres, 4 décim. d'ouvrage qui lui ont été payés 558 fr., 25 centimes;

En 36 jours, il en a fait 275 mètres, 87 centimètres qui lui ont été payés 978 fr. 45 centimes;

En 15 jours, il en a fait 75 mètres, 2 décimètres, qui lui ont été payés 106 francs, 5 centimes;

En 27 jours, il en a fait 58 mètres qui lui ont été payés 125 francs, 30 centimes;

Enfin, en 5 jours, il en a fait 15 mètres, 07 centimètres qui lui ont été payés 86 fr. 95 cent.

On demande combien il a travaillé de jours, combien il a fait de mètres, et combien il a gagné?

Réponse : Il a travaillé pendant 108 jours; *il* a fait 610 mètres, 54 centimètres, et *il* a gagné 1.855 francs.

XII.

On demande quelle est la longueur totale des cinq pièces d'étoffes suivantes : La première contient 795 mètres, 8 décimètres; la deuxième, 345 mètres, *9 centimètres; la troisième*, 786 mètres, 35 centimètres; la quatrième, 375 mètres, 6 décimètres, et la cinquième, 38 mètres, 02 centimètres?

Réponse : 2.340 mètres, 86 centimètres.

XIII.

Un épicier a vendu du sucre à quatre personnes, savoir : A la première, 87 kilogrammes, 3 décagrammes, 9 grammes ; à la deuxième, 72 kilogrammes, 6 décagrammes, 5 décigrammes ; à la troisième, 8 hectogrammes, 4 grammes, 3 centigrammes ; et à la quatrième, 123 kilogrammes, 5 décagrammes, 6 décigrammes.

Quel est le total de cette vente ?

Réponse : 282 kilogrammes, 9 hectogrammes, 5 décagrammes, 4 grammes, 1 décigramme et centigrammes, ou 282.954 grammes, 13 centigrammes.

XIV.

Un marchand de bois a acheté dans une vente un lot contenant 325 stères, 48 centistères ; un deuxième de 67 stères, 8 décistères ; un troisième de 734 stères, 15 centistères ; un quatrième de 109 stères, 9 centistères ; et enfin, une poutre de 8 décistères.

Quel est le total de cet achat ?

Réponse ; 1.237 stères, 32 centistères.

XV.

Un courrier a parcouru, en six jours les distances suivantes : Le premier jour, 25 myriamètres, 4 kilomètres ; le deuxième, 17 myriamètres, 8 hectomètres ; le troisième, 22 myriamètres, 9 décamètres ; le quatrième, 12 myriamètres,

6 hectomètres; le cinquième, 19 myriamètres, 39 mètres, et enfin, pour arriver à sa destination, il n'a fait que 7 kilomètres.

Quelle est la longueur totale du chemin qu'il a parcouru?

Réponse : 96 myriamètres, 2 kilomètres, 5 hectomètres, 2 décamètres, 9 mètres, ou 962.529 mètres.

XVI.

Un plafonneur s'est engagé à blanchir, à raison de 1 franc le mètre carré, plusieurs pièces, savoir : Un plafond *qui contient* 12 *mètres* 25 *décimètres carrés*; le pourtour ou les quatre côtés d'une cuisine, contenant 34 mètres, 8 décimètres, 45 centimètres carrés; une autre salle de 36 mètres, 54 décimètres, 55 centimètres carrés.

Combien a-t-il dû recevoir?

Réponse : 82 francs, 88 centimes.

XVII.

Un maître maçon a acheté, pour la construction *d'un édifice, plusieurs lots de pierres, savoir :* un de 7 mètres cubes, 354 décimètres cubes, 252 centimètres cubes; un de 3 mètres, 048 décimètres, 019 centimètres; un troisième de 5 mètres, 008 décimètres, 308 centimètres; un quatrième de 16 mètres, 450 décimètres, 095 centimètres; et enfin, un cinquième de 14 mètres, 007 décimètr.

Combien en a-t-il acheté en tout?

RÉPONSE : 45 mètres cubes, 867 décimètres cubes, et 674 centimètres cubes.

XVIII.

On a vendu sur un marché du froment de différentes qualités, savoir : 1° 1 *myrialitre*, 5 kilolitres, 8 hectolitres, pour 2.370 francs :

2° 2 myrialitres, 7 hectolitres, 9 décalitres, pour 3.638 francs, 25 centimes;

3° 85 hectolitres, 5 décalitres, 8 litres pour 1.540 francs, 44 centimes;

4° 3 myrialitres, 2 kilolitres, 6 décalitres, 9 litres, pour 4.408 francs, 48 centimes;

5° 34 hectolitres, pour 680 francs.

On demande combien on en a vendu de décalitres en tout, et quelle est la somme totale qu'ont produite ces différentes quantités?

RÉPONSE : 8.061 décalitres, 7 litres, et 12.637 francs, 17 centimes.

XIX.

Un vigneron a trois cuves pleines de vin; la première contient 1.425 litres; la deuxième contient 5 *kilolitres*, 8 hectolitres, et la troisième, 25 hectolitres, 48 litres.

On demande combien il pourra emplir de feuillettes contenant chacune 1 hectolitre?

RÉPONSE : 97 feuillettes, et il restera 73 litres.

XX.

Un propriétaire a fait peindre les boiseries de trois chambres : Il y a dans la première 28 mètres, 45 décimètres, 39 centimètres carrés; dans la deuxième, 49 mètres, 78 décimètres, 85 centimètres carrés; et dans la troisième, 34 mètres, 06 décimètres, 80 centimètres carrés.

Combien y a-t-il de mètres carrés en tout?

28,4.539 + 49,7.885 + 34,0.680 = 112 mètres, 31 décimètres, 04 centimètres carrés, boiseries des trois chambres,

DE LA SOUSTRACTION.

I.

Un particulier devait 7.346 fr.; il a déjà payé 2.325 fr ; combien doit il encore?

Réponse : 7.346 — 2.325 = 5.021 fr.

II.

Sur une pièce de drap qui contenait 172 mètres, 8 décimètres; on a vendu une fois, 24 mètres, 3 décimètres; une autre fois, 37 mètres, 25 centimètres.

Combien doit-il en rester ?

172,8 — 24,3 — 37,25 = 111 mètres 25 centimètres.

III.

Quelqu'un, en revendant des marchandises, 1.758 fr., 65 c., a gagné 179 fr., 75 c.

Combien ces marchandises avaient elles coûté?

1.758 fr., 65 c. — 179 fr., 75 c. = 1.578 fr., 90 centimes.

IV.

Un père avait 36 ans lorsque son fils vint au monde; quel sera l'âge du fils, lorsque le père aura 82 ans?

82 — 36 = 46 ans, âge qu'aura le fils.

V.

Quatre personnes se sont partagé la somme de 7.809 fr., 35 c., de manière que la première a eu pour sa part 575 fr., 38 c.; la deuxième 1.486 fr., 05 c., et la troisième 4.637 fr., 95 c.

On demande quelle a été la part de la quatrième?

575,38 + 1.486 fr., 05 c. + 4.637 fr., 95 c. = 6.699 fr., 38 c.; 7.809 fr., 35 c. — 6.699 fr., 38 c. = 1.109 fr., 97 c., part de la quatrième.

VI.

Une succession de 45.375 fr. a été partagée entre deux héritiers, de manière que le premier a eu pour sa part 20.786 fr., 25 c. On demande quelle a été la part du second et combien il a eu plus que le premier?

45.375 fr. — 20.786 fr., 25 c. = 24.588 fr., 75 c., part du second.

24.588 fr., 75 c. — 20.786 fr., 25 c. = 3.802 fr., 50 c. = ce que le second a eu plus que le premier.

VII.

Une personne qui a entrepris un voyage de 85 myriamètres, a déjà marché pendant cinq jours; le premier jour, elle a fait 7 myriamètres, 45 mètres; le deuxième, 9 myriamètres, 5 hectomètres, et pendant les trois derniers jours, 54 myriamètres, 2 kilomètres, 9 mètres. Combien lui reste-il de chemin à faire pour arriver à sa destination?

70.045 mètres + 90.500 mètres + 542.009 mètres = 702.554 mètres;

850.000 mètres — 702.554 mètres = 147.446 mètres, ou 14 myriamètres, 7 *kilomètres* 4 hectomètres, 4 décamètres, 6 mètres.

VIII.

Quelqu'un a fait moudre 725 kilogrammes, 5 hectogrammes de froment; il y a eu au moulin, 15 kilogrammes, 25 grammes de déchet, et le meunier à rendu au propriétaire du grain, 144 kilogrammes, 36 grammes de son;

Combien doit-il lui remettre de farine?

15.025 grammes + 144.036 grammes = 159.061 grammes; 725.500 grammes — 159.061 grammes = 566 *kilogrammes*, 439 grammes, ou 56 myriagrammes, 6 kilogrammes, 4 hectogrammes, 3 décagrammes, 9 grammes de farine que doit rendre le meunier.

IX.

Un maître maçon avait quatre tas de pierres dont le volume total était de 175 mètres cubes,

024 décimètres cubes; il en a employé pour différentes constructions, savoir : une fois 24 mètres, 045 décimètres, 009 centimètres cubes; une deuxième fois, 37 mètres, 006 décimètres, 345 centimètres cubes; et une troisième fois, 9 mètres, 258 décimètres, 078 centimètres cubes.

Combien doit-il lui en rester?

$24^{m},045.009 + 37^{m},006.345 + 9^{m},258.078 =$
$70^{m},309.432$;

175 mètres cubes, 024 — 70 mètres cubes, 309.432 = 104 mètres, 714 décimètres, 568 centimètres cubes de pierres qui restent au maçon.

X.

Un magasin contenait 685 hectolitres d'avoine; on en a vendu une fois, 7 hectolitres 4 décalitres; une autre fois, 6 kilolitres, 25 litres, et une troisième fois, 2 myrialitres, 3 décalitres, 5 litres.

Combien doit-il en rester?

740 litres + 6.025 litres + 20.035 litres = 268 hectolitres.

685 — 268 = 417 hectolitres = ce qui reste en *magasin*.

XI.

Un marchand avait en magasin 37.854 mètres, 29 centimètres de drap; combien en a-t-il vendu s'il ne lui en reste que 967 mètres, 58 centimètres?

37.854m,29 — 967m,58 = 36.886 mètres, 71 centimètres, qu'il a vendus.

XIII.

Une partie de marchandises a été vendue 3.785 fr., 50 c. Si on l'eût vendue 186 fr., 40 c. de plus, le gain aurait été de 1.728 fr.

Combien avait-elle coûté?

1.728 fr. — 186 fr., 40 c. = 1.541 fr., 55 c., gain du vendeur.

3.785 fr., 50 c. — 1.541 fr., 55 c. = 2.243 fr., 95 c. prix coûtant.

XIV.

Une personne achète chez un marchand qui lui doit 5.348 fr., 55 c., pour 7.987 fr., 75 c. de marchandise; elle donne au marchand un billet de 975 fr.

Combien doit elle lui donner en argent pour s'acquitter entièrement?

7.987 fr., 75 c. — 5.348 fr., 55 c. = 2.639 fr., 20 c., ce que doit l'acheteur;

2.639 fr., 20 c. — 975 fr. = 1.664 fr., 20 c., somme à payer en argent.

XIV.

Un épicier qui a acheté 25 myriagrammes, 7 hectogrammes de sucre, en a déjà reçu 53 kilogrammes, 29 grammes;

Combien doit-on lui en livrer encore ?

250.700 grammes — 53.029 grammes = 197.671 grammes = 19 myriagrammes, 7 kilogrammes, 6 hectogrammes, 7 *décagrammes*, 1 gramme que l'on doit livrer encore.

XV.

Quelqu'un *qui* a acheté une propriété 25.000 fr., a déjà effectué trois paiemens, savoir : un de 786 fr.; un autre de 9.705 fr., 75 c., et le troisième 12.075 fr., 45 c.

Combien doit-il payer encore au vendeur pour être définitivement quitte avec ce dernier?

786 fr. + 9.705 fr., 75 c. + 12.075 fr., 45 c. = 22.567 fr., 20 c.; 25.000 fr. — 22.567 fr., 20 c. = 2.432 fr., 80 c., ce qui reste à payer.

XVI.

Une cuve pleine de vin contenait 6.250 litres; on en a tiré à trois reprises différentes, savoir : la première fois, 4 hectolitres, 25 litres; la seconde fois, 125 décalitres, et la troisième fois, 1.548 litres.

Combien reste-t-il d'hectolitres de vin dans la cuve?

425 lit. + 1.250 lit. + 1.548 lit. = 3.223 lit.;
6.250 lit. — 3.223 lit. = 3.027 lit., ou 30 hectolitres, 27 litres.

XVII.

Un marchand de bois, avait une pile de bois de chauffage contenant 145 stères, 4 décistères; elle ne contient plus que 84 stères, 67 centistères.

Combien en a-t-il vendu?

145 stères, 4 décistères — 84 stères, 67 centistères = 60 stères, 73 centistères.

XVIII.

Un maître plafonneur a entrepris, chez plusieurs propriétaires, 5 plafonds, dont deux contenant chacun 75 mètres carrés, 48 décimètres carrés, et les trois autres, chacun 48 mètres, 07 décimètres carrés. Il a promis d'avoir tout terminé en 15 jours; mais au bout de dix jours, il mesure l'ouvrage fait et trouve seulement 178 mètres, 29 décimètres, 35 centimètres.

Combien lui en reste-il à faire faire pendant les cinq derniers jours?

75 mètres, 48 décimètres + 75 mètres, 48 décimètres + 48 mètres, 07 décimètres + 48 mètres, 07 décimètres + 48 mètres, 07 décimètres = 295 mètres, 17 décimètres.

295 mètres, 17 décimètres — 178 mètres, 29 décimètres, 35 centimètres = 116 mètres, 87 décimètres carrés, 65 centimètres carrés, ce qui reste à faire.

XIX.

Un menuisier qui a entrepris 105 mètres carrés, 25 décimètres carrés de lambris, en a déjà posé 78 mètres carrés, 70 décimètres, 09 centimètres carrés.

Combien lui en reste-il à faire ?

105 mètres, 25 décimètres — 78 mètres, 70 décimètres, 09 centimètres = 26 mètres, 54 décimètres carrés et 91 centimètres carrés.

XX.

On demande quel serait le revenu d'une personne, qui, dans le cours d'une année aurait dépensé 1.358 fr., 48 c. pour sa nourriture; 425 fr. pour son loyer; 728 fr., 75 c. pour son entretien; 407 fr., 15 c. pour la tenue de sa maison; 745 fr., 35 c. pour ses menus plaisirs, et qui de

2.

cette manière, se serait endettée de 1.072 fr., 95 centimes.

1358 fr., 45 c. + 425 fr. + 728 fr., 73 c. + 407 fr., 15 c. + 745 fr., 35 c. = 3.664 fr., 70 c.; 3.664 fr., 70 c. — 1.072 fr., 95 c. = 2.591 fr., 75 c., revenu net.

XXI.

Un épicier avait en magasin 5,372 kilogrammes de riz; il en a vendu une fois 5 myriagrammes, 25 grammes; une autrefois 45 myriagrammes, 57 grammes.

Combien lui en reste-t-il?

50.025 grammes + 450.037 grammes = 500 kil., 062 grammes.

5.372 kil. — *500 kil.,062 grammes* = 4.871 kil., 938 grammes en magasin.

XXII.

Une personne dont les biens, terres, prés, bois et vignes étaient d'une étendue superficielle de 52 hectares, 10 ares, 38 centiares, a vendu trois pièces de terre contenant, savoir : la première, 2 hectares, 45 centiares; la deuxième, 97 ares, 5 centiares; et la troisième, 24 hectares 39 ares.

Combien lui reste-t-il d'hectares, d'ares et de centiares?

200 ares, 45 centiares + 97,05 + 2.459 = 27 hectares, 36 ares, 50 centiares;

52 hectares, 10 ares, 38 centiares — 27 hectares, 36 ares, 50 centiares = 24 hectares, 73 ares, 88 centiares.

Ainsi, la réponse est 24 hectares, 73 ares, 88 centiares.

XXIII.

On avait dans un grenier 328 myrialitres, 5 kilolitres, 7 hectolitres de froment; on en a vendu 1.796 kilolitres, 52 litres.

Combien en reste-t-il d'hectolitres?

Réponse : 14.896 hectolitres, 8 litres.

XXIV.

On a partagé une somme de 10.541 francs entre cinq personnes. La part de la première est de 3.748 francs; celle de la deuxième est égale à la différence de la part de la première à celle de la troisième, qui est de 1.203 francs, et celle de la quatrième est égale à la différence des parts réunies des première et troisième à celle de la deuxième. Enfin, la part de la cinquième est formée du reste de la somme.

On demande à connaître la part de chaque personne?

Part de la première : 3.748 francs.

3.748 fr. — 1.203 = 2.545 fr., part la deuxième.

Part de la troisième, 1.203 francs.

3.748 + 1.203 = 4.951 — 2.545 = 2.406 fr., *part de la quatrième.*

3.748 + 2.545 + 1.203 + 2.406 = 9.902, total des quatre premières parts.

11.541 *francs* — 9.902 = 639 francs, part de la cinquième.

XXV.

Deux frères sont nés : l'aîné, le 7 novembre 1805; l'autre, le 17 mars 1819. Quel est l'âge de chacun au 20 janvier 1840, et combien l'aîné a-t-il de plus que son frère?

OPÉRATION.

	1.840 ans,	0 mois,	20 jours.
Moins	1.804	10	7
=	0.035 ans,	2 mois,	13 jours, âge de l'aîné.

	1.840 ans,	0 mois,	20 jours.
Moins	1.818	2	17
=	0.021 ans,	10 mois,	03 jours, âge du second.

L'âge de l'aîné,	35 ans,	2 mois,	13 jours,
moins l'âge du 2e,	21	10	3
=	13 ans,	4 mois,	10 jours,

ce que l'aîné a de plus que son frère.

XXVI.

Ernest est né le 31 mars 1820; quel est son âge au 11 février 1840?

OPÉRATION.

1.840 ans,	1 mois,	11 jours,
1.820	3	0

RÉPONSE : 0.019 ans, 10 mois, 11 j., âge demandé.

XXVII.

Un marchand de bois en a livré à différentes personnes 152 stères, 4 décistères; on ne lui en a payé que 75 stères, 38 centistères. Combien lui en est-il encore dû de stères?

152,4 — 75,38 = 77 stères, 02 centistères.

XXVIII.

Un vase rempli de liquide pèse 2 kilogrammes, 5 grammes; le poids du vase étant de 2 hectogrammes, on demande quel est le poids net du liquide?

2.005 gr. — 200 gr. = 1 kilogr., 8 hectog., 5 gr., poids du liquide;

DE LA MULTIPLICATION.

I.

Combien coûteront 286 mètres de drap à raison de 35 fr., 24 c. le mètre?

35 fr., 24 c. × 286 mètres = 10.078 fr., 64 c.

II.

Un marchand en gros a reçu de plusieurs fabricants, 28 pièces de drap, contenant chacune 35 mètres, 7 décimètres. On demande combien il en a reçu de mètres en tout, et combien il a déboursé, sachant que le mètre lui revient, terme moyen, à 15 fr, 65 centimes?

35 mètres, 7 *décimètres* × *28* = *999* mètres, 6 décimètres en tout.

999 mètres, 6 décimètres × 15 fr., 65 c. = 15.643 fr., 74 c., déboursé total.

En vendant 146 mètres, 8 décimètres de drap 761 fr., 60 c., on a gagné 3 fr., 45 centimes par mètre.

Combien avait-on déboursé ?

3 fr., 45 centimes × 146 mètres, 8 décimètres = 506 fr., 46 c., bénéfice.

1.761 fr., 60 c. — 506 fr., 46 c. = 1.255 fr., 14 c., prix coûtant.

III.

Une personne qui doit déjà à un marchand 783 fr., 25 c., lui achète encore 146 mètres, 5 décimètres de toile à raison de 3 fr., 25 c. le mètre; elle donne en paiement 5 billets de chacun 236 fr., 40 c.

Combien devra-t-elle donner encore en argent pour s'acquitter entièrement avec le marchand ?

3 fr., 25 c. × 146 mètres, 5 décimètres = 476 fr., 12 c., 5 dixièmes de c.; 783 fr., 25 c. + 476 fr., 12 c., 5 dixièmes de c. = 1.259 fr., 37 c., 5 dixièmes, dette totale.

236 fr., 40 c. × 5 billets = 1.182 fr.

1.259 fr. 37 c., 5 dixièmes — 1.182 fr. = 77 fr., 37 c., 5 dixièmes de centimes à payer en argent.

IV.

Combien y a-t-il de jours dans 24 années de 365 jours chacune ?

365 jours × 24 années = 8.760 jours.

V.

Un ouvrier gagne 3 fr., 75 c. par jour; il dépense chaque jour 1 fr., 95 c. pour l'entretien de son ménage, et paie un loyer de 115 fr. par an.

On demande quelle est sa situation au bout de l'année, sachant qu'il n'a *travaillé* que 255 jours?

1 fr., 95 c. × 365 jours = 711 fr., 75 c.,

Dépenses = 711 fr., 75 c. + 115 fr., = 826 fr., 75 c.,

Gain = 3 fr., 75 c. × 255 jours = 956 fr., 25 c.

956 fr., 25 c. — 826 fr., 75 c. = 129 fr., 50 c.

RÉPONSE : Il reste net à cet ouvrier 129 fr 50 c.

VI.

Combien coûteront 48 sacs de grain contenant chacun 155 litres à raison de 1 fr., 85 c. le décalitre?

155 litres × 48 sacs = 744 décalitres;

1 fr., 85 c. × 744 décalitres = 1.376 fr., 40 c.

VII.

Un entrepreneur de travaux emploie 7 chefs d'ateliers à 5 fr., 25 c. par jour; ceux-ci ont sous leur direction chacun 94 ouvriers qui gagnent 1 fr., 75 c. par jour.

Quelle somme l'entrepreneur, doit-il à chacun de ses employés au bout de 49 journées de travail, et combien en tout ?

Pour un chef d'atelier 5 fr., 25 c. × 49 journées = 257 fr., 25 c.;

Pour 7 chefs d'ateliers 257 fr., 25 c. × 7 journées = 1.800 fr., 75 c.;

Il est dû à un ouvrier: 1 fr., 75 c. × 49 jours = 85 fr., 75 c.;

94 ouvriers × 7 journées = 658 ouvriers, en tout.

85 fr., 75 c. × 658 ouvriers = 56.423 fr., 50 c.

Aux chefs d'ateliers, 1.800 fr., 75 c. + 56.423 fr., 50 c. aux ouvriers = 58.224 fr., 25 c. en tout.

D'où l'on voit qu'il est dû à chaque chef 257 fr., 25 c.; à chaque ouvrier, 85 fr., 75 c., et en tout, 58.224 fr., 25 c.

VIII.

Combien coûteront 47 kilogrammes, 25 grammes de sucre à raison de 2 fr., 45 c. le kilogr.?

2 fr., 45 c. × 47 kilog., 025 = 115 fr., 21 c. et 125 millièmes de c.

IX.

Quelqu'un dit que si son revenu était augmenté de 186 fr., 70 c., il aurait 5 fr., 85 c. à dépenser par jour.

Quel est son revenu?

5 fr., 85 c. × 365 jours = 2.135 fr., 25 c. — 186 fr., 70 c. = 1.948 fr., 55 c.

Revenu : 1.948 fr., 55 c.

X.

Combien devra-t-on payer pour 748 litres, 6 décilitres d'eau-de-vie, à raison de 0 fr., 95 c. le litre?

0 fr., 95 c. le litre × 748 litres, 6 décalitres = 711 fr., 17 c.

XI.

Un menuisier est convenu de faire 105 mètres carrés, 32 décimètres carrés et 48 centimètres carrés de parquet à raison de 8 fr., 35 c. le mètre; son ouvrage étant terminé,

Combien devra-t-il recevoir?

8 fr., 35 c. × 105 mètres, 32 décimètres, 48 centimètres = 879 fr., 46 c., 2.080.

En négligeant quatre chiffres décimaux, nous aurons pour réponse à cette question = 879 fr., 46 c.

XII.

Quelqu'un a acheté une tonne d'huile d'olives à raison de 1 *fr.*, 85 c. le kilogramme; sachant que la tonne contient 389 litres et que le litre pèse 915 grammes.

On demande combien elle a coûté?

915 grammes × 389 litres = 355 kilogrammes, 935 grammes.

1 fr., 85 c. × 355 kilogrammes, 935 grammes = 658 fr., 47 c., 975 millièmes de centimes, ce qui fait presque un centime.

Ainsi, la tonne a donc coûté 658 fr., 48 c.

XIII.

Quelle est la charge totale d'un chariot qui transporte 15 muids de vin de Bourgogne, chaque muids contenant 240 litres et le litre pesant 991 grammes?

240 litres × 15 muids = 3.600 litres en tout.

991 grammes × 3.600 litres = 3.567 kilogrammes, 600 grammes, charge totale.

XIV.

Un boucher a acheté un bœuf qui a pesé 358 kilogrammes, pour la somme de 275 fr., 75 c.

Sachant qu'il vend la viande 0 fr., 85 c. le kilogramme;

On demande combien il a gagné sur ce marché ?

0 fr., 85 c. × 358 kilogrammes = 304 fr., 30 c.

304 fr., 30 — 275 fr., 75 c. = 28 fr., 55 c., gain du boucher.

XV.

Sachant qu'un décimètre cube de chêne pèse 1 kilogramme, 170 grammes;

On demande quel sera le poids d'une poutre de même bois contenant 8 décistères?

Le mètre cube contient 1.000 décimètres cubes; le décistère est la dixième partie du stère ou mètre cube et vaut la dixième partie de 1.000 décimètres cubes = 100 décimètres cubes.

8 décistères = 100 décimètres × 8 décistères = 800 décimètres.

1 kilogramme, 170 grammes × 800 décimètres = 936 kilogrammes, poids de la poutre.

XVI.

Une personne doit à son boulanger 45 kilogrammes, 7 hectogrammes et 6 grammes de pain à raison de 0 fr., 35 c. le kilogramme.

Combien doit-elle en tout?

Réponse : 45 kilogrammes, 709 grammes × 0 fr., 35 c. = 15 fr., 99 c. 815 = 16 fr. en pain.

XVII.

Une pièce de terre contenant 2 hectares 6 ares, 29 centiares a été vendue à raison de 42 francs, 30 centimes l'are.

Combien le vendeur a-t-il dû recevoir, sachant que l'acquéreur *lui a retenu 3.189 fr., 15 c.* qui lui étaient dus par billet échéant au jour de la vente?

42 fr., 30 c. × 206 ares, 29 centiares = 8.726 fr., 07 c.

8.726 fr., 07 c. — 3.189 fr., 15 c. = 5 536 fr., 92 centimes.

XVIII.

On demande combien il y a d'heures, de minutes, et de secondes dans 247 jours?

Un jour est de 24 heures, l'heure de 60 minutes et la minute de 60 secondes.

24 heures × 247 jours = 5.928 heures.

5.928 heures × 60 minutes = 355.680 minutes.

355.680 minutes × 60 secondes = 21.340.800 secondes.

XIX.

Quelqu'un a acheté une pile de bois de chauffage contenant 62 stères, 4 décistères, à raison de 19 francs, 85 centimes le stère, et deux pièces d'équarrissage contenant chacune 47 centistères, à 4 francs, 05 centimes le décistère.

Combien doit-il pour le tout?

19 fr., 85 c. × 62 stères, 4 décistères = 1.238 fr., 64 centimes;

47 centistères + 47 centistères = 94 centistères, ou 9 décistères, 4 dixièmes;

4 fr., 05 c. × 9 déc., 4 = 38 fr., 07 centimes.

1.238 fr., 64 c. + 38 fr., 07 c. = 1.276 fr., 71 c. pour le tout.

XX.

Combien a-t-on dépensé pour une remonte de 1.749 chevaux, qui ont coûté 407 francs chacun: les frais de remonte se sont élevés à 5.756 fr.?

407 fr. × 1.749 = 711.843 francs, prix d'achat.

711.843 fr. + 5.756 fr. = 717.599 fr., dépense totale.

XXI.

Combien coûteront ensemble 3 pièces de vin, contenant chacune 245 litres, le prix de l'hectolitre étant de 35 fr., 6 décimes?

245 × 3 = 735 *litres, ou* 7 *hectolitres,* 35 centièmes d'hectolitre.

35 fr.,6 × 7,35 = 261 fr. 66 centimes, prix des trois pièces.

XXII.

Combien devra-t-on payer pour le transport de quatre ballots de marchandises pesant ensemble 1 myriagramme, 3 hectogrammes, 9 grammes, si le prix du kilogramme est de 15 centimes?

0 fr., 15 × 10 kilogrammes, 309 grammes = *1 fr.*, 54 centimes, 635 millièmes de centimes.

1 fr., 55 centimes en paie.

XXIII.

Un cabaretier a acheté deux pièces de vin contenant ensemble 4 hectolitres, 8 décalitres, 5 litres pour 127 francs 40 centimes. Combien gagnera-t-il sur son marché en revendant ce vin 0 fr., 35 centimes le litre?

0 fr., 35 c. × 485 litres = 169 fr., 75 c.

169 fr., 75 c. — 127 fr., 40 c. = 42 fr. 35 c., bénéfice du cabaretier

---

XXIV.

Un maître maçon a fait un mur qui contient 386 mètres cubes, 024 décimètres cubes et 348 centimètres. Le prix du mètre cube étant de 16 fr., 25 centimes, on demande combien ce mur a dû coûter?

16 fr., 25 × 386 mèt. cub., 024.348 = 6.272 fr., 89.565.500.

En paie : 6.272 fr., 90 c.

XXV.

Combien coûteront 25 centimètres de ruban à 0 fr., 75 c. le mètre?

0 fr., 75 c. × 0 *mèt.*, 25 *cent.* = 0 *fr.*, 18 cent., 75 centièmes de centimes ou 19 centimes.

XXVI.

Un kilogramme de *tabac* coûte 8 francs; combien *coûteront* 31 grammes, 25 centigrammes?

8 fr. × 0 kilog., 03.125 = 0 fr., 25 c.

XXVII.

On a acheté 345.462 *pavés qui* coûtent chacun 0 fr., 34 centimes, pour paver une route contenant 358 mètres carrés, 147 millièmes de mètre carré; le maître paveur a été payé à raison de 3 fr., 05 c. le mètre carré.

On demande combien *on a dépensé pour le tout?*

345.462 × *0 fr.*, *34* = 117.457 fr., 08 c.

358^{m},147 × 3 fr., 05 c. = 1.092 fr. 54.835.

Dépense totale : 117.457 fr., 08 c. + 1.092 fr. 35 c., = 118.549 fr., 43 centimes.

XXVIII.

Une pièce de terre contenant 4 hectares, 27 ares, 6 centiares, a été vendue à raison de 25 francs, 40 centimes l'are. On demande combien le vendeur a reçu *comptant*, sachant que l'acquéreur lui a fait un billet de 3.956 francs payables un an après la vente?

25 fr., 40 × 427 ares, 06 c. = 10.847 fr., 324.
10.847 fr., 32 c. — 3.956 fr. = 6.891 fr., 32 c.
que le vendeur a reçus comptant.

XXIX.

En vendant 148 mètres, 3 décimètres de drap 7.846 fr., 35 c., on a gagné 7 fr., 43 c. par mètre.

Combien l'avait-on acheté?

7 fr., 43 × 148,3 = 1.101 fr., 869.
7.846 fr., 35 c. — 1.101 fr., 87 c. = 6.744 fr., 48 centimes, prix coûtant.

XXX.

Une personne qui a 4.037 francs de revenu, dépense 4 fr., 35 c., par jour l'un dans l'autre.

Combien aura-t-elle économisé au bout de 17 ans?

4 fr., 35 c. × 365 jours = 1.587 fr., 75 centimes, dépenses d'une année.

Revenu : 4.037 francs — dépenses : 1.587 fr., 75 centimes = 2.449 fr., 25 c., économies au bout d'un an.

2.449 fr., 25 c. × 17 ans = 41.637 fr., 25 c., économies au bout de 17 ans.

XXXI.

Quelqu'un a acheté 3 pièces de vin ; la première, contenant 2 hectolitres, 4 décalitres, 8 litres, 5 décilitres ; la deuxième, 250 litres, 85 centilitres ; et la troisième, 25 décalitres, 7 litres, 05 centilitres. Sachant que le litre a coûté 0 fr., 24 c., on demande combien on a payé pour le tout ?

248 litres, 5 décilitres + 250 litres, 85 centilitres + 257 lit., 05 centil. = 756 lit., 4 décilitres.

0 fr., 24 centimes × 756 litres, 4 déc. = 181 fr., 53 c., 6 dixièmes, prix des trois pièces.

XXXII.

Camille est né le 21 septembre 1834 ; combien a-t-il d'années, de mois, de jours, d'heures et de minutes au 15 février 1841 ?

1.840 ans, 1 mois, 15 jours — 1833 ans, 8 mois, 21 jours = 6 ans, 4 mois, 24 jours.

12 mois × 6 ans = 72 mois + 4 mois = 76 mois.

30 jours × 76 mois = 2.280 *jours* + 24 jours = 2.304 jours.

2.304 jours × 24 heures = 55.296 heures.

55.296 heures × 60 minutes = 3.317.760 minutes.

XXXIII.

Combien faudrait-il de kilogrammes de pain pour nourrir 583 hommes pendant 7 mois, en donnant à *chacun 649 grammes* par jour ?

30 jours × 7 = 210 jours = 210 *rations* pour chaque homme.

210 rations × 583 hommes = 122.430 rations en tout.

Une ration 0 kilog., 649 grammes × 122.430 = 79.457 kilogr., 0,70 grammes de pain en tout.

XXXIV.

Un menuisier a acheté *748* planches de chacune 0 mètre, 37 décimètres, 50 centimètres carrés, à *raison* de 2 *francs*, 3 *décimes*, le mètre carré.

Combien doit-il payer pour le tout ?

0 mèt., 37,50 × 748 = 280 mètres carrés, 50 décimètres carrés.

280 mètres, 50 décimètres × 2 fr., 3 déc. = 645 fr., 15 c.

XXXV.

Combien coûteront 348 myriagrammes, 6 hectogrammes, 42 grammes de sel, le prix du kilogramme étant de 45 centimes?

3.480 kilog. × 0 fr., 45 = 1.566 fr., 28 centimes, 89 centièmes de centime.

XXXVI.

Un particulier a acheté un terrain contenant 37 ares, 28 centiares, à raison de 786 fr., 45 c. l'hectare, combien doit-il payer au vendeur?

786 fr., 45 c. × 0 hect., 3.728 = 293 fr., 18 c. = 293 fr., 19 c. en paie.

XXXVII.

Un voiturier est convenu de transporter tout le bois nécessaire à l'approvisionnement d'une caserne, moyennant 4 fr., 25 c. par stère. Sachant qu'il en a conduit 728 voitures de chacune 3 stères, 6 décistères, on demande combien il doit recevoir?

728 × 3,6 = 2.620 stères, 8 décistères en tout: 2,620,8 × 4 fr., 25 = 11.138 fr., 40 c., somme due au voiturier.

DE LA DIVISION.

I.

Si on partage 66.864 fr., entre 24 personnes, combien auront-elles chacune?

66.864 fr. : 24 = 2.786 fr., part de chaque personne.

II.

Par quel nombre faut-il multiplier 35 pour avoir 26.915 au produit?

26.915 : 35 = 769, *multiplicateur demandé.*

III.

On a payé 4.260 fr. pour 284 hectolitres de froment; combien coûte l'hectolitre?

4.260 : 284 = 15 fr., prix de l'hectolitre.

IV.

Combien y a-t-il d'années dans 8.760 jours?

8.760 : 365 = 24 années.

V.

On a dépensé 10.078 fr., 64 c. pour 286 mètres de drap; combien le mètre a-t-il coûté?

10.078,64 : 286,00 = 35 fr., 24 c., prix du mètre.

VI.

Combien 73.730 jours font-ils d'années?

73.730 : 365 = 202 ans.

VII.

Une commune désire faire construire une maison d'école dont la dépense est portée à 7.845 fr.; mais les ressources de cette commune ne s'élèvent qu'a 5.119 fr.; dans ce cas, 47 des plus riches propriétaires, offrent de complèter la somme portée au devis en y contribuant chacun pour une part égale.

On demande combien devra donner chacun des 47 généreux propriétaires?

7.845 — 5.119 = 2.726 fr., à payer par les propriétaires.

2.726 fr. : 47 = 58 fr. chacun.

VIII.

Combien aurait-on de mètres de drap pour 10.078 fr., 64 c., le prix du mètre étant de 35 fr., 24 centimes?

10.078,64 : 35,24 = 286 mètres.

IX.

Une personne a un revenu annuel de 8.486 fr., 25 centimes.

Combien peut-elle dépenser par jour?

8.486,25 : 365 = 23 fr., 25 c. par jour.

X.

On a dépensé 706.596 fr. pour une remonte de 1.749 chevaux; sachant que les frais de remonte se sont élevés à 5.756 fr., on demande à combien revient chaque cheval?

706.596 + 5.756 = 712.352 fr., dépense totale.
712.352 : 1.749 = 407 fr., 29 c., prix d'un cheval.

XI.

Un courrier a fait une route de 982 myriamètres, 8 kilomètres, 7 hectom. en 14 semaines.

Combien a-t-il fait de kilomètres par semaine

en supposant qu'il faisait chaque semaine le même chemin ?

9.828,7 : 14 = 702 kilomètres, 05 décamètres.

Réponse : Il faisait 702 kilomètres, 05 décamètres par semaine.

XII.

Un militaire en semestre a 192 myriamètres, 4 kilomètres à faire pour rejoindre son corps; on demande combien il sera de jours en route s'il peut faire chaque jour 52 kilomètres?

1.924 : 52 = 37 jours.

XIII.

Sachant qu'une forte explosion a été entendue à 75.825 mètres, 225 secondes après qu'elle a eu lieu; on demande combien le son parcourt de mètres par seconde ?

75.825 : 225 = 337 mètres par seconde.

XIV.

Une personne a un revenu annuel de 3.012 fr., 70 c., et paie un loyer de 275 fr., 45 c.; on demande ce qu'elle peut dépenser par jour, sachant qu'elle veut économiser 1.550 fr., par an?

275,45 + 1.550 = 1.825 fr., 45 c.

3.012,70 — 1.825,45 = 1.186 fr., 25 c. à dépenser par an.

1.186,25 : 365 = 3 fr., 25 c. à dépenser par jour.

XV.

Un ouvrier a dépensé dans le courant d'une année, savoir : pour l'entretien de son ménage, 711 fr., 75 c.; pour son loyer 105 fr.; pour ses dépenses extraordinaires, 125 fr., et ses économies s'élèvent à 126 fr., 50 c.

On demande combien il gagnait par jour, sachant que les sommes ci-dessus, sont le produit de son travail de l'année pendant laquelle il n'a travaillé que 255 jours?

711,75 + 105 + 125 + 126,50 = 1.068 fr., 25 c.

1.068,25 : 255 = 4 fr., 18 c., 9 dixièmes de c. par jour.

XVI.

Un débitant a acheté du vin qui lui revient à 84 fr. la pièce de 240 litres.

Combien doit-il vendre le litre pour gagner 0 fr., 15 c. par litre ?

84 : 240 = 0 fr., 35 c. le litre, prix coûtant.

0,35 + 0,15 = 0 fr., 50 c. le litre, prix qu'il devra le vendre.

XVII.

On a payé 0 fr., 25 c. pour 0 mètre, 5 centim. de ruban; à combien revient le mètre?

0 fr., 25 : 0 m., 05 = 5 francs le mètre.

XVIII.

Un épicier a reçu une caisse de savon pesant 24 myriagrammes, 7 *kilogrammes*, 8 *hectogr.*, 3 décagr., qui lui revient à 285 fr., 00 centimes, 45 centièmes de centime; on demande combien il devra le revendre le kilogramme pour gagner 05 centimes par kilogramme?

285 fr., *0.045* : 2*47 kilog.*, *83* = 1 fr., 15 c., prix coûtant.

1 fr., 15 + 0 fr., 05 = 1 fr., 20 c., prix qu'il faudra le revendre.

XIX.

Un ouvrier a reçu 711 fr., 35 c. pour 347 journées; combien gagnait-il par jour?

711 fr., 35 c. : 347 jours = 2 fr., 05 c. par jour.

XX.

Un particulier a acheté 57 stères, 35 centistères de bois de chauffage qui lui ont coûté 873 fr., 02 centimes.

On demande combien lui a *coûté le stère?*

873 fr., 02 : 57 stères, 35 = 15 fr. 22 c.

XXI.

On a *dépensé 1.376 fr., 40 c.* pour 48 sacs de grain contenant chacun 155 litres; on demande à combien revient le décalitre?

155 lit. × 48 sacs = 744 décalitres en tout.

1.376 fr., 40 : 744 = 1 fr., 85 c. *le décalitre.*

XXII.

Un *débitant a acheté 748 litres d'eau-de-vie* pour 711 fr., 17 c.; on demande combien elle lui coûte le litre, et combien il faudra qu'il la revende pour gagner 74 fr., 86 c. sur le tout?

711 fr., 17 : 748 lit., 6 déc. = 0 fr., 95 c., prix *coûtant.*

74 fr., 86 : 748 lit., 6 déc. = 0 fr., 10 c., bénéfice *sur chaque litre.*

0,95 + 0,10 = 1 fr., 05 c., prix qu'il faudra la vendre le litre.

XXIII.

Un réservoir qui peut contenir 3 myrialitres, 4 kilolitres, 5 hectolitres, 03 litres, est ordinairement empli par deux robinets; le premier lui donne 149 litres, 8 décilitres, et le deuxième, 35 litres, 7 décilitres par heure. Combien faudrait-il de temps pour l'emplir si l'on ouvrait les deux robinets à la fois?

1er 149 lit., 8 + 2me 35 lit., 7 = 185 litres, 5 déc. par heure.

34.503 lit. : 185,5 = 186 heures en tout.

XXIV.

La charge totale d'un chariot qui transporte du vin de Bourgogne est de 3.567 kilogrammes, 6 hectogrammes, poids *net du vin*; on demande combien il y en a de pièces, sachant que le litre pèse 991 grammes, et que chaque pièce contient 240 litres?

3.567.600 : 991 = 3.600 litres.

3.600 : 240 = 15 pièces.

XXV.

En vendant 358 kilogrammes de viande, 297 fr., 14 c., un boucher a gagné 28 fr., 64 c.

A *combien revenait le kilogramme*, prix d'achat, et combien l'a-t-il revendue?

297,14 — 28,64 = 268 fr., 50 c.

268,50 : 358 = 0 fr., 75 c., prix d'achat.

28,64 : 358 = 0 fr., 08 c., bénéfice par kilog.
0,75 + 0,08 = 0 fr., 83 c., ce qu'il l'a revendue le kilogramme.

XXVI.

Combien aura-t-on de kilogrammes de pain pour 27 fr., 45 c., lorsque le kilogramme coûte 0 fr., 35 ?

27,45 : 0,35 = 78 kilogrammes, 428 grammes.

XXVII.

Un négociant a acheté 873.569 grammes de marchandise pour 3.363 fr., 24 c.; à combien revient le kilogramme?

3.363,24 : 873.569 = 3 fr., 85 c. le kilog.

XXVIII.

Un ouvrier a reçu 178 fr., 75 c., pour 143 journées de travail; combien gagne-t-il par jour ?

178,75 : 143 = 1 fr., 25 c. par jour.

XXIX.

Un domestique a 237 fr., 25 c. de gages (pour un an).

Combien gagne-t-il par jour?

237,25 : 365 — 0 fr., 65 c. par jour.

XXX.

Un marchand a acheté 7.349 kilogrammes de café pour 9.186 fr., 25 c. En revendant la totalité, il a gagné 1.837 fr., 25 c.

Combien l'a-t-il revendu le kilogramme?

9.186 fr., 25 c. + 1.837 f., 25 c. = 11.023 f., 50 c.
11.023 fr. 50 c. : 7.349 kilogr. = 1 fr., 50 c., *prix du kilogramme.*

XXXI.

Trois pièces de vin ont *été vendues 261 francs, 66 centimes; on demande* combien elles contenaient de litres chacune, sachant que le prix de l'hectolitre était de 35 francs, 6 décimes?

261 fr., 66 centimes : 35 fr., 6 déc. = 7 hectolit., 35 litres en tout.

735 litres : 3 pièces = *245 litr.* dans chaque pièce.

XXXII.

Une personne, qui a un revenu annuel de *4.037* fr., a *économisé, au bout de 17 ans, 41.637* fr., *25 centimes.*

Combien dépensait-elle par jour?

41.637 fr., 25 : 17 = 2.449 fr., 25 c., économies d'un an.

4.037 fr. — 2.449 fr., 25 c. = 1.587 fr., 75 c., dépenses d'un an.

1.587 fr., 75 c. : 365 jours = 4 fr., 35 c. par jour.

XXXIII.

Combien aurait-on d'hectares d'un terrain que l'on voudrait vendre 1.724 fr. l'hectare, pour une somme de 47.392 fr., 76 c.?

47.392 fr., 76 c. : 1.724 = 27 hectares, 49 ares.

XXXIV.

Un menuisier a reçu 335 fr., 11 c. pour avoir posé un parquet, à raison de 4 fr., 60 c. le mètre carré. Combien ce parquet contenait-il de mètres carrés?

335 fr., 11 c. : 4 fr., 60 c. = 72 m., 85 déc. carr.

XXXV.

Un voiturier a conduit chez un marchand de bois, 2.620 stères, 8 décistères de bois de chauffage; sachant qu'il chargeait 3 stères, 6 décistères sur chaque voiture, on demande combien il y a eu de voitures en tout?

2.620,8 : 3,6 = 728 voitures.

XXXVI.

Quelqu'un est convenu de s'acquitter d'une dette en payant 25 fr., 50 c. par semaine; sachant qu'il y a déjà 25 payements d'effectués, et qu'il reste encore 943 fr., 50 c. à payer, on demande combien il y a encore de payements à faire, quel était le total de sa dette, et combien il a mis de temps pour s'acquitter avec son créancier?

943 fr., 50 c. : 25 fr. 50 = 37 paiements à faire.

25 fr., 50 × 25 payements faits = 586 fr., 50 c.

586 fr., 50 c. + 943 fr., 50 = 1.530 fr., dette totale.

25 *payements* + 37 *payements* = 60 semaines.

XXXVII.

Un marchand a acheté trois pièces de drap pour 17.853 fr., 474 millimes, à *raison de 24 fr., 38 c.* le mètre.

La première contenait 59 mètres, 65 centim.; la deuxième, 345 mètres, 8 décimètres. On demande combien contenait la troisième, et combien il y avait de mètres en tout?

59 m., 65 + 345,8 = 405 m., 45 c., les deux premières pièces,

24 fr., 38 × 405 m., 45 c. = 9.884 fr., 871 mill.

17.853 f., 474 — 9.884 f., 871 = 7.968 f., 603 m.

7.968 fr. 603 m. : 24 fr., 38 = 326 mèt., 85 cent., ce que contenait la *troisième pièce.*

La *première pièce*, 59 mètres, 65 centimètres + la deuxième, 345 mètres, 8 décimètres + la troisième, 326 mètres, 85 centim. = 732 mètres, 3 décimètres en tout.

XXXVIII.

Un particulier a fait un fonds de 21.154 francs, 50 c. pour élever un établissement; il arrive qu'après 27 mois ce fonds est épuisé. Sachant que les dépenses de chaque mois étaient de 1.072 fr., 85 c., on demande quelles étaient les recettes?

21.154 fr., 50 : 27 mois = 783 fr., 50 c.

1.072 fr., 85 c. — 783 fr., 50 c. = 289 fr., 35 c., recette de chaque mois.

XXXIX.

Quelqu'un a acheté 24 mètres de ruban pour 1 fr., 20 c.; à combien revient le mètre?

1 fr., 20 : 24 m. = 0 fr., 5 c. le mètre.

XL.

465 fagots ont été vendus 162 fr., 05 c.; à combien revient le fagot?

162 fr., 05 : 465 *fagots* = 0 fr., 35 c. le *fagot*.

XLI.

On a payé 0 fr., 20 c. pour 0 mèt., 8 décimètres de ruban. Combien coûte le mètre?

0 fr., 20 : 0 m., 8 = 0 fr., 25 centimes le mètre.

XLII.

31 grammes, 25 centigr. de tabac coûtent 0 fr., 25 c. Combien coûte le kilogramme?

0 fr., 25 : 0 kilogr., 03.125 cent-millièmes de *kil.*
= 8 fr. le kilogramme.

XLIII.

Un vaisseau a 4.964 myriagrammes, 8 kilogr., 8 hectogr. de biscuit pour 548 hommes d'équipage pendant 4 mois.

On demande *quel est le poids de chaque ration?*

30 *jours* × 4 *mois* = 120 jours = 120 rations pour chaque homme.

120 rations × 548 hommes = 65.760 rat. en tout.

49.648.800 grammes : 65.760 rations = 0 kilogr., 755 grammes, *poids de chaque ration.*

XLIV.

Un maître maçon a reçu 149.917 fr., 03 c. pour une enceinte de murs qui lui a été payée à raison de 19 fr. le mètre cube; combien contenait-elle de *mètres?*

149.917 fr., 03 : 19 fr. = 789 mèt., 037 déc. cub.

XLV.

Combien 548 hommes seraient-ils de jours pour consommer 4,964 myriagr., 8 *kilogr.*, 8 *hectogr. de pain, en distribuant chaque* jour et à chaque homme 0 kilogr., 755 grammes?

548 hommes consomment en un jour, 0 kilogr., 755 grammes × 548 = 413 kilogr., 740 gr.

49.648.800 : 413.740 gr. = 120 jours.

XLVI.

Un propriétaire a vendu 12 ares 47 centiares, à prendre dans une pièce qui a 186 mètres, 3 décimètres de longueur. On demande combien il en faut prendre de large pour avoir exactement la quantité vendue?

12 ares, 47 centiares 1.247 mètres carrés.

1.247 mètres : 186 m., 3 décim. = 6 mètres, 693 millimètres = 6 mètres, 7 décim. (en pratique), ce qu'il en faut prendre de large.

XLVII.

On avait plusieurs sommes, savoir : 27.450 fr., 45 c.; 38.419 fr. 67 c.; 6.904 fr., 05 c.; 95 fr., 23 c. On les a réunies en une seule; on a ôté du total, pour certains frais, 3.647 fr.; on a ensuite multiplié le reste par 145 moins 27. Le produit ayant été partagé entre 106 personnes qui avaient droit à ce partage; on demande qu'elle a été la part de chacune?

27.450 fr. 45 + 38.419 fr., 67 + 6.904 fr., 05 + 95 fr., 23 = 72.869 fr., 40 c.

72.869,40 — 3.647 fr. = 69.222 fr., 40 c.

145 — 27 = 118.

69.222,40 × 118 = 8.168.243 fr., 20 c.

8.168.243 fr., 20 : 106 = 77.058 fr., 90 c., part de chaque personne.

DES RÈGLES DE TROIS.

Règles de trois directes.

I.

Si 15 mètres de drap coûtent 228 fr., 75 c., combien coûteront 35 mètres de même drap.
15 : 35 : : 228,75 : x = 228,75 × 35 = 8.006,25 : 15 = 533 fr., 75 c.

II.

Une personne a acheté 54 mètres de drap pour 162 fr.; il lui en faut encore 45 mètres, combien lui coûteront-ils?
54 : 45 : : 162 : x = 162 × 45 = 7.290 : 54 = 135 francs.

III.

On a employé 23 ouvriers pour faire un mur qui contient 193 mètres, 200 décim. cubes; on demande combien 115 ouvriers en feraient de mètres pendant le même temps?

$23 : 115 :: 193{,}200 : x = 193{,}200 \times 115 = 22.218$
$: 23 = 966$ mètres cubes.

IV.

On a employé 23 ouvriers pour faire un mur qui contient 193 mètres, 200 décim. cubes; on demande combien il faudrait d'ouvriers pour faire un autre mur de 966 mètres cubes, pendant un temps égal à celui qu'ont employé les premiers?

$193{,}200 : 966 :: 23 : x = 966 \times 23 = 22.218$
$: 193{,}2 = 115$ *ouvriers.*

V.

127 kilog., 9 hectog. de marchandise ont coûté 166 fr., 27 c.; on en a revendu 54 kilog. pour 57 fr., 25 c.

Combien a-t-on perdu sur cette vente?

$127{,}9 : 54 :: 166{,}27 : x = 166{,}27 \times 54 = 8.978{,}58$
$: 127{,}9 = 70$ fr., 20 c. $70{,}20 - 57{,}25 = 12$ fr., 95 c., perte.

VI.

Un bâton de 2 mètres, 5 décimètres, placé verticalement, donne 1 mètre, 25 centim. d'ombre; un édifice dont on ne connaît pas la hauteur, en donne au même moment 30 mètres.

Quelle est la hauteur de cet édifice?

1,25 : 30 : : 2,5 : x = 2,5 × 30 = 75 : 1,25 = 60 mètres.

VII.

En vendant 146 mètres, 8 décimètres de drap, on a gagné 506 fr., 46 c.; combien gagnerait-on en vendant 587 mètres, 2 décimètres de même drap et au même prix?

146,8 : 587,2 : : 506,46 : x = 506,46 × 587,2 = 297.393,312 : 146,8 = 2.025 fr., 84 c.

VIII.

Pour 1.376 fr., 40 c., on a eu 744 décalitres de froment; combien en aurait-on d'hectolitres pour 12.387 fr., 60 c.

1.376,40 : 12.387,60 : : 744 : x = 12.387,60 × 744 = 9.216.374,40 : 1.376,40 = 669 hectol., 6 décalitres.

IX.

Quelqu'un a acheté 58 kilog., 35 décag. de sucre qui ont coûté 110 fr., 04 c.; on demande combien coûteraient 408 kilog., 45 décag., de même sucre et au même prix?

58,35 : 408,45 :: 110,04 : x = 408,45 × 110,04 = 44.945,838 : 58,35 = 770 fr., 28 c.

X.

Une personne a acheté 748 litres, 6 décilitres d'eau-de-vie pour 717 fr., 17 c.; on demande combien on en aurait de litres pour 2.868 fr., 68 c.?

717,17 : 2.868,68 :: 748,6 : x = 2.868,68 × 748,6 = 2.147.493,848 : 717,17 = 2.994 litres, 4 décil.

XI.

Un marchand a donné 56 mètres de drap pour 336 mètres de serge; combien en aurait-il de mètres pour 190 mètres, 4 décimètres du même drap?

56 : 190,4 :: 336 : x = 190,4 × 336 = 63.974,4 : 56 = 1.142 mètres, 4 décimètres.

XII.

25 hommes ont creusé un fossé de 48 mètres, 6 décimètres de long, en 5 jours; on demande combien 37 ouvriers en feraient de mètres de long, pendant le même temps, les autres dimensions restant les mêmes?

25 : 37 : : 48,6 : x = 48,6 × 37 = 1.798,2 : 25 = 71 mètres, 928 millimètres de longueur.

XIII.

5 ares, 63 centiares de terre ont coûté 248 fr., 25 c.; on demande combien coûteront 47 ares, de même terrain et au même prix?

5,63 : 47 :: 248,25 : x = 248,25 × 47 = 11.667,75 : 5,63 = 2.072 fr., 42 c., 45 centièmes de c.

XIV.

Un menuisier a fait 52 mètres carrés, 25 décim. carrés, qui lui ont été payés 494 fr., 28 c., 5 dixièmes de c.; combien aurait-il reçu en tout, s'il en avait *fait 24 mètres* de plus?

52,25 : 24 :: 494,285 : x = 494,285 × 24 = 11.862,84 : 52,25 = 227 fr., 04 c.

494,285 + 227,04 = 721 fr., 32 c., 5 dixièmes pour le tout.

XV.

Un marchand a gagné 584 fr., 55 c., en vendant pour 5.186 fr. d'une certaine marchandise; pour combien faudrait-il qu'il vendît de la même marchandise, au même *prix*, pour gagner 428 francs, 40 centimes?

584,55 : 428,40 :: 5.186 : x = 428,40 × 5.186 = 2.221.682,40 : 584,55 = 3.801 fr., 97 c., somme pour laquelle il faudra vendre.

XVI.

Sur 480 fr. de vente, un marchand a gagné 64 francs.

On demande combien il gagnera à proportion sur une vente de 831 fr.?

480 : 831 : : 64 : x = 831 × 64 = 53.184 : 480 = 110 fr., 80 c., somme qu'il gagnera.

XVII.

Lorsque le froment coûte 4 fr, 25 c., le double décalitre, le pain est taxé à 0 fr., 55 c. le kilog.

Combien le *paierait-on si l'hectolitre* ne coûtait que 15 fr., 75 c.?

L'hectolitre = 5 doubles décalitres.

15,75 : 5 = 3 fr., 15 c., prix du double décalitre.
4,25 : 3,15 : : 0,35 : x = 3,15 × 0,35 = 1,10.250 : 425 = 0 *fr.*, 259 millièmes = 0 *fr.*, 26 *c. le kilog.*

XVIII.

Quelqu'un a placé une somme qui lui a rapporté 528 fr., 75 c. en 15 mois; on demande combien rapporterait la *même somme placée au même taux*, pendant deux ans?

15 : 24 : : 528,75 : x = 528,75 × 24 = 12.690 : 15 = 846 fr., au bout de deux ans.

XIX.

Lorsque le froment vaut 45 fr. l'hectolitre, on paie le pain 0 fr., 50 c. le kilogramme.

Quel prix doit-on le payer, à proportion, lorsque l'hectolitre ne se vend que 41 fr., 40 c.?

45 : 41,40 : : 0 fr., 50 : x = 41,40 × 0,50 = 207 : 45 = 0 fr., 46 c. le kilog.

XX.

Une personne, en achetant 378 fagots, est convenue avec le vendeur de n'en payer que 360; combien faudrait-il lui en livrer pour qu'elle dût n'en payer que 40?

360 : 40 : : 378 : x = 378 × 40 = 15.120 : 360 = 42 fag. qu'il faudra livrer pour n'en payer que 40.

XXI.

On dépensait pour 22 personnes, 599 fr., 50 c. par mois; on demande combien on doit dépenser à proportion, lorsque le nombre se trouve réduit à 13 personnes?

22 : 13 : : 599 fr., 50 : x = 599,50 × 13 = 7.793, 50 : 22 = 354 fr., 25 c. par mois.

XXII.

Pour 5.264 fr., 65 c. on a eu 148 mètres, 3 décimètres de drap, combien en aurait-on de mètres pour 2.406 fr., 90 centimes?

5.264,65 : 2.406,90 : : 148,3 : x = 2.406,90 × 148,3 = 356.943,27 : 5.264,65 = 67 mètres, 8 décimètres pour réponse.

XXIII.

Un domestique gagne 237 fr., 25 c. par an; combien lui doit-on payer pour 145 jours?

365 jours : 145 : 237 fr., 25 : x = 237 fr., 25 × 145 = 34.401, 25 : 365 = 94 fr., 25 c.

XXIV.

Un voyageur a fait 80 myriamètres, 5 *kilom.* en 20 jours; combien ferait-il de myriamètres s'il marchait encore 12 jours avec la même vitesse, et chaque jour pendant le même temps?

20 : 80,5 : : 12 : x = 80,5 × 12 = 966 : 20 = 48 myriamètres, 5 *kilomètres.*

XXV.

S'il faut 4.964 myriagrammes, 8 kilogrammes, 8 hectogrammes de biscuit pour approvisionner 548 hommes d'équipages; combien en faudrait-il à un autre vaisseau destiné à porter 137 hommes et à faire le même trajet que le premier?

548 : 137 :: 4.964,88 : x = 4.964,88 × 137 = 680.188,56 : 548 = 1.241 myriagrammes, 2 kilogrammes, 2 hectogrammes pour réponse.

XXVI.

Un navire a parcouru 12 myriamètres, 2.221 mètres en 5 jours, on demande en combien de jours ils parcourrerait 85 myriamètres, 5.547 mètres, toutes circonstances restant les mêmes?

12,2.221 : 85,5.5477 :: 5 : x = 85,5.547 × 5 = 427,7.354 : 12,2.221 = 35 jours.

XXVII.

Une somme placée à raison de 5 pour 100, a produit, en un an 185 fr.; à quel taux faudrait-il placer la même somme, pour qu'elle rapportât 209 fr., 05 c., pendant le même temps?

185 : 209,05 :: 5 : x = 209,05 × 5 = 1.045,25 : 185 = 5 fr., 65 c. du cent.

XXVIII.

Une pièce de vin de Bourgogne contenant 240 litres, a été payée 86 fr., 40 c.; on demande combien on aurait d'hectolitres du même vin, pour 2.862 fr.?

86,40 : 2.862 : : 2,40 : x = 2.862 × 2,40 = 6.868,80 : 86,40 = 79 hectolitres, 5 décalitres.

XXIX.

Pour 130 fr., 86 c., on a fait transporter 872 kilogrammes, 4 hectogrammes de marchandises à 1 myriamètre, 3 kilomètres, 332 mètres.

On demande combien on transporterait de kilog. à la même distance pour 141 fr., 99 c.?

130,86 : 141,99 : : 872,4 : x = 141,99 × 872,4 = 123.872,076 : 130,86 = 946 kilog., 6 hectog.

XXX.

128 ouvriers ont comblé un fossé de 18.636 mètres, 800 décimètres cubes, en 56 jours; combien faudrait-il d'ouvriers pour combler un fossé de 55.910 mètres, 400 décimètres cubes, pendant le même temps?

18.636,800 : 55.910,400 : : 128 : x = 55.910,400 × 128 = 7.156.531,200 : 18.636,800 = 384 ouvriers.

XXXI.

128 ouvriers ont été 56 jours pour extraire d'une fouille 18.636 mètres, 800 décimètres cubes de terre.

On demande combien ils en extrairaient de mètres en 84 jours?

56 : 84 : : 18.636,800 : x = 18.636,800 × 84 = 1.565.491,200 : 56 = 27.955 mètres, 200 décimètres cubes.

Règles de trois inverses.

I.

Il a fallu 185 ouvriers pour faire un certain ouvrage en 38 jours; on demande combien 370 ouvriers seraient de jours pour faire le même ouvrage?

370 : *185* : : 38 : x = 185 × 38 = 7.030 : 370 = 19 jours.

II.

98 ouvriers ont fait un certain ouvrage en 49 jours; on demande combien il faudrait d'ouvriers pour faire le même ouvrage en 7 jours?

7 : 49 : : 98 : x = 98 × 49 = 4.802 : 7 = 686 ouvriers.

III.

En 12 jours, un ouvrier a fait 72 mètres, 6 décimètres d'un drap large de 0 mètre, 8 décimètres;

on demande combien il en ferait de mètres de longueur pendant le même *temps*, s'il avait 1 mètre, 6 décimètres de large?

1,6 : 0,8 : : 72,6 : x = 72,6 × 0,8 = 58,08 : 1,6 = 36 mètres, 3 décimètres de long.

IV.

75 ouvriers ont été 30 jours pour faire un ouvrage; combien 25 ouvriers seraient-ils de jours pour faire un semblable ouvrage?

25 : 75 : : 30 : x = 75 × 30 = 2.250 : 25 = 90 jours.

V.

On a distribué à une division 80 tonneaux de vin, contenant chacun 240 litres; on demande combien il en faudrait de tonneaux contenant chacun 264 litres, pour faire la même distribution?

264 : 240 : : 80 : x = 240 × 80 = 19.200 : 264 = 72 tonneaux, 73 centièmes de tonneau.

VI.

Il a fallu, pour faire un plancher, 150 planches, 4 dixièmes, qui avaient chacune 4 mètres, 4 décimètres de long; on demande combien il en faudrait de même largeur, mais dont la longueur ne serait que de 3 mètres, 3 décimètres, pour faire un plancher de mêmes dimensions que le premier.

3,3 : 4,4 : 150,4 : x = 150,4 × 4,4 = 661,76 : 3,3 = 200 planches, 53 centièmes.

VII.

On a distribué 368 francs à 320 *indigents*, qui *ont eu chacun 1* fr., 15 centimes. On destine la même somme à 384 autres; combien auront-ils chacun?

384 : 320 : : 1 fr., 15 : x = 1,15 × *320* = *368,00* : 384 = *0* fr., 95 *centimes*, 8 dixièmes de *centime*, ou *0* fr., 958 millimes.

VIII.

On a carrelé un appartement avec 147 carreaux de 0 *mètre*, 39 *centimètres de côté*; on demande combien il en faudrait pour carreler une cuisine de mêmes dimensions, si les carreaux n'avaient 0 mèt., 13 centimètres de côté?

0,13 : 0,39 : : 147 : x = 147 × 0,39 = 57,33 : *0,13* = 441 *carreaux.*

IX.

Avec une certaine quantité de vivres on peut nourrir 15,000 assiégeants pendant 126 jours; on demande combien on pourrait joindre d'hommes aux premiers en leur donnant la même ration qu'à ceux-ci, sachant que l'on ne doit plus tenir le siège que pendant 18 jours?

18 : 126 : : 15.000 : x = 126 × 15.000 = 1.890.000 : 18 = 105.000 hommes — 15.000 = 90.000 hommes que l'on pourrait recevoir.

X.

On a payé 878 francs, 79 centimes pour le transport de 2.235 myriagrammes de marchandises à 120 myriamètres; on demande à combien de myriamètres on ferait conduire 1.341 myriagrammes pour la même somme?

1.341 : 2.235 : : 120 : x = 2.235 × 120 = 268.200 : 1.341 = 200 myriamètres.

XI.

Lorsque le vin coûte 108 francs le muid de 240 litres, on en a 145 litres pour une certaine somme; on demande combien, dans ce cas, coûte le litre et combien on en aurait de litres pour la même somme, s'il coûtait 84 fr. le muid?

108 : 240 — 0 fr., 45 c. le litre.

84 : 108 : : 145 : x = 145 × 108 = 15.660 : 84 = 186 litres, 43 centilitres.

XII.

Un tailleur a acheté 184 mètres, 8 décimètres d'un drap qui a 1 mètre, 5 décimètres de large, pour 6.948 francs, 48 centimes; on demande combien il en aurait de mètres de même qualité pour la même somme, si le drap n'avait que 0,75 centimètres de large?

0,75 : 1,5 : : 184,8 : x = 184,8 × 1,5 = 277,20 : 0,75 = 369 mètres, 6 décimètres.

XIII.

Un courrier, en marchant 15 heures par jour, a été 20 jours pour faire une route; combien serait-il de jours pour revenir, s'il marchait 16 heures par jour?

16 : 15 : : 20 : x = 20 × 15 = 300 : 16 = 18 jours 75 centièmes de jour, ou 3/4.

XIV.

Un capital de 4.900 fr. a rapporté, pendant 196 jours, une certaine somme d'intérêts; on demande en combien de jours un autre capital de 29.400 francs, *produirait-il la* même somme d'intérêts?

29.400 : 4.900 : : 196 : x = 4.900 × 196 = 960.400 : 29.400 = 32 jours, 66 centièmes = 33 jours.

XV.

On a employé pour la tenture d'une salle 35 mètres, 7 décimètres d'une étoffe large de 0 mètre, 49 centimètres; on voudrait la remplacer par une autre large de 0 mèt., 7 décimètres; combien faudrait-il de mètres de cette dernière étoffe?

0,7 : 0,49 : : 35,7 : x = 35,7 × 0,49 = 17.493 : 0,7 = 24 mètres, 99 centimètres.

XVI.

Un fabricant est convenu de fournir à un régiment 2.135 mètres de drap, de 1 mètre, 225 millimètres de large; mais au moment qu'il fournit, le drap, au lieu d'avoir la largeur convenue, n'a que 0,625 millimètres.

On demande combien il devra en donner en sus pour compenser sur la longueur ce qui manque en largeur?

0,625 : 1,225 : : 2.135 : x = 1.225 × 2.135 = 2.615,375 : 0,625 = 4.184 mètres, 6 décimètres en tout.

4.184,6 — 2.135 = 2.049 mètres, 6 décimètres, qu'il devra donner en sus.

XVII.

On était convenu de recevoir 2.135 mètres de drap de 1 mètre, 225 millimètres de large; mais le drap qui a été fourni s'étant trouvé moins large, la compensation s'est établie en donnant 2.049 mètres, 6 décimètres en sus de la quantité demandée; qu'elle était la largeur de ce dernier drap?

2.135 + 2.049,6 = 4.184 mètres, 6 décimètres, totalité du drap livré.

4.184,6 : 2.135 : : 1,225 : x = 2,135 × 1,225 = 2.615,375 : 4.184,6 = 0,625 millimètres, largeur du drap fourni.

XVIII.

Pour 150 francs, 86 centimes, on a transporté 872 kilogrammes, 4 hectogrammes de marchandises à 1 myriamètre, 3 kilomètres, 332 mètres; on demande à quelle distance on transporterait 946 kilogr., 6 hectogr. pour la même somme?

946,6 : 872,4 : : 1,3.332 : x = 1,3.332 × 872,4 = 1.163,08.368 : 946,6 = 1 myriamètre, 2 kilomètres, 2 hectomètres, 8 décamètres, 6 mètres, 9 décimètres = 12.287 mètres.

XIX.

Avec 396 mètres de drap, un tailleur a fait un certain nombre d'habits. Si ce drap avait eu 1 mètre, 125 millimètres de large, il n'en aurait fallu que 352 mètres.

Combien le drap qu'il a employé avait-il de largeur?

396 : 352 : : 1,125 : x = 1,125 × 352 = 396 : 396 = *1 mètre, largeur du drap employé.*

Règles de trois composées.

XX.

Une somme de 3.748 francs a rapporté 206 fr., 14 c., en 18 mois; on demande combien 1.236 fr., 84 c., placés au même taux, rapporteraient pendant 21 mois?

$$\frac{206,14 \times 1.236,84 \times 21}{3.748 \times 18} = \frac{206,14 \times 1.236,84 \times 7}{3.748 \times 6}$$

$$= \frac{103,07 \times 206,14 \times 7}{1.874} = \frac{103,07 \times 103,07 \times 7}{937}$$

= 103,07 × 103,07 = 10.623,4.249 × 7 = 74.363,9.743 : 937 = 79 fr., 36 c., 39 centièmes de centime.

XXI.

Une somme de 3.748 francs a rapporté 206 fr., 14 centimes en 18 mois; on demande après combien de mois 1.236 fr., 84 c. placés au même taux, rapporteraient 79 fr., 3.639?

$$\frac{18 \times 3.748 \times 79{,}3.639}{206{,}14 \times 1.236{,}84} \text{ simplification faite} =$$

$$\frac{3 \times 937 \times 79{,}3639}{103{,}07 \times 103{,}07} = 21 \text{ mois.}$$

XXII.

On a payé 878 fr., 75 c. pour le transport de 2.235 myriagrammes de marchandise, à 120 myriamètres.

Combien coûtera, *à proportion*, *le transport* de 447 myriagrammes à 25 myriamètres?

$$\frac{878{,}75 \times 447 \times 25}{2.235 \times 120} = \frac{175{,}75 \times 447 \times 5}{447 \times 24}$$

$$= \frac{175{,}75 \times 5}{24} = 36 \text{ fr., } 61 \text{ c., } 4 \text{ dixièm. de c.}$$

XXIII.

25 hommes, en 27 jours, ont dépensé 73 fr., 85 c.; on demande combien 33 hommes, dépenseraient, *à proportion*, *en 23 jours?*

$$\frac{73{,}85 \times 33 \times 23}{25 \times 27} = \frac{14{,}77 \times 11 \times 23}{5 \times 9}$$

$$= 83 \text{ fr., } 04 \text{ c.}$$

XXIV.

Un hectare, 36 ares, 62 centiares de terre ont rapporté en 4 ans 1.440 fr. au propriétaire; on demande combien, à *proportion*, 4 hectares, 09 ares, 86 *centiares*, rapporteraient en 12 ans, en supposant que les récoltes seraient chaque année semblables aux précédentes?

$$\frac{1.440 \times 40.986 \times 12}{13.662 \times 4} = \frac{720 \times 20.493 \times 6}{6.831}$$

$$= \frac{80 \times 6.831 \times 6}{253} = 12.960 \text{ francs.}$$

XXV.

On a payé 647 fr., 36 c. pour 7 pièces de drap qui ont chacune 6 mètres, 4 décimètres de long; on demande combien on paierait pour 15 pièces de drap, de même qualité et de même largeur, mais qui n'auraient chacune, que 4 mètres, 8 décimètres de long?

$$\frac{647,36 \times 15 \times 4,8}{7 \times 6,4} = \frac{20,23 \times 15 \times 2,4}{7}$$

$$= 1.040 \text{ fr., } 40 \text{ c.}$$

XXVI.

On a payé 756 fr., 95 c. pour le transport de 3.784 myriagrammes, 7 kilogrammes, 5 hectog.

de marchandise, à 15 myriamètres, 9 kilomètres, 984 mètres.

On demande combien, à proportion, on pourrait faire transporter de kilog. à 47 myriamètres, 9 kilomètres, 952 mètres, pour 494 fr., 60 c.?

$$\frac{37.847,5 \times 159.984 \times 494,60}{756,95 \times 479.952}$$
= 8.243 kilog., 333 gram.

XXVII.

On a payé 756 francs, 95 centimes pour le transport de 37.847 *kilogr.*, 5 *hectogr.* de marchandise à 15 *myriamètres*, 9 kilomètres, 984 mètres. On demande combien, à proportion, on devra payer pour le transport de 8.243 kilogr., 333 grammes de même marchandise à 47 myriamètres, 9 kilomètres, 9 hectomètres, 52 mètres?

$$\frac{756,95 \times 8.243,333 \times 479.952}{37.847,5 \times 159.984} = 494 \text{ francs, }$$
60 centimes.

XXVIII.

On a employé 21 ouvriers, qui ont creusé un fossé de 546 mètres cubes en 39 jours; on demande combien 36 ouvriers enleveraient de mètres cubes de terre d'un autre fossé en 24 jours?

$$\frac{546 \times 36 \times 24}{21 \times 39} = \frac{182 \times 12 \times 24}{7 \times 13} = 576$$

mètres cubes.

XXIX.

On a employé 21 ouvriers, qui ont enlevé 546 mètres cubes de terre en 39 jours ; on demande combien il faudrait de jours à 36 autres ouvriers pour en enlever 576 mètres cubes?

$$\frac{39 \times 21 \times 576}{546 \times 36} = \frac{13 \times 7 \times 576}{182 \times 12}$$

$$= \frac{13 \times 7 \times 192}{182 \times 4} = \frac{13 \times 7 \times 48}{182} = \frac{13 \times 7 \times 24}{91}$$

$=$ 24 jours, réponse à la question.

XXX.

26 personnes ont dépensé 1.170 francs en 30 jours; on demande combien 33 personnes dépenseraient, à proportion pendant 51 jours?

$$\frac{1.170 \times 33 \times 51}{26 \times 30} = \frac{1.170 \times 11 \times 51}{26 \times 10}$$

$$= \frac{117 \times 11 \times 51}{26} = 2.524 \text{ fr., } 50 \text{ c.}$$

XXXI.

35 ouvriers ont fait 2.940 mètres d'une certaine étoffe en 12 jours ; on demande combien 63 ouvriers feraient de mètres de la même étoffe en 27 jours?

$$\frac{2.940 \times 63 \times 27}{35 \times 12} = \frac{588 \times 21 \times 27}{7 \times 4}$$

$$= \frac{147 \times 3 \times 27}{1 \times 1} = 11.907 \text{ mètres.}$$

XXXII.

75 ouvriers, qui ont travaillé pendant 125 jours et 12 heures par jour, à un certain *ouvrage*, *ont* reçu 2.226 francs; on demande combien doivent recevoir à proportion 95 autres ouvriers, qui ont travaillé au même ouvrage pendant 65 jours et 8 heures par jour?

$$\frac{2.226 \times 95 \times 65 \times 8}{75 \times 125 \times 12} = \frac{742 \times 19 \times 13 \times 8}{15 \times 25 \times 4}$$

$$= \frac{371 \times 19 \times 13 \times 8}{15 \times 25 \times 2} = \frac{371 \times 19 \times 13 \times 4}{15 \times 25}$$

= 977 fr., 46 centimes.

XXXIII.

Une pile de bois à brûler a 5 mètres, 4 décimètres de longueur, 4 mètres, 6 décimètres de hauteur, et les bûches ont 1 mètre, 2 décimètres.

Une autre a 7 mètres, 2 *décimètres* de longueur; 5 mètres, 9 décimètres de hauteur, et les bûches ont 2 mètres, 1 décimètre.

On a payé le tout 1.785 francs, 24 centimes; on demande quel a été le prix de chaque pile?

1re pile... 5,4 × 4,6 = 24,84 × 1,2 = 29 stères, 808 millièmes.

2me pile.. 7,2 × 5,9 = 42,48 × 2,1 = 89 stères, 208 millièmes.

29,808 + 89,208 = 119 stères, 016 millièmes en tout.

$$119{,}016 : 29{,}808 :: 1.785{,}24 : x,$$

$$= \frac{1.785{,}24 \times 29{,}808}{119{,}016} = \frac{16{,}53 \times 14{,}904}{0{,}551}$$

= 447 fr., 12 centimes, prix de la première pile.

1.785,24 — 447 fr., 12 = 1.338 fr., 12 centimes, prix de la deuxième.

XXXIV.

12 écrivains, en *travaillant* 4 heures par jour, pendant 48 jours, ont transcrit 4 exemplaires d'un manuscrit en 3 volumes, chaque volume de 240 pages, chaque page contenant 28 lignes, et chaque ligne 54 lettres.

On demande combien il faudrait de jours à 18 autres écrivains en travaillant 8 heures par jour, avec la même vitesse que les premiers, pour transcrire 6 exemplaires d'un autre ouvrage en 6 volumes, chaque volume de 360 pages, chaque page de 30 lignes, et chaque ligne de 46 lettres?

$$\frac{48 \times 12 \times 4 \times 6 \times 6 \times 360 \times 30 \times 46}{4 \times 3 \times 240 \times 28 \times 54 \times 18 \times 8}$$

= 65 jours, 7 dixièmes de jour.

XXXV.

On a employé 37 ouvriers, qui ont fait 31.080 mètres d'ouvrage en 15 jours, en travaillant 7 heures par jour; on demande combien 42 ouvriers feraient de mètres du même ouvrage, s'ils travaillaient pendant *9 jours et 13 heures par jour?*

$$\frac{31.080 \times 42 \times 9 \times 13}{37 \times 15 \times 7} = \frac{6.216 \times 6 \times 9 \times 13}{37 \times 3 \times 1}$$

$$= \frac{2.072 \times 6 \times 9 \times 13}{37 \times 1 \times 1}$$

Réponse : 39.312 mètres.

XXXVI.

37 ouvriers, en travaillant pendant *15 jours et 7 heures par jour, ont fait 31.080* mètres d'un certain ouvrage; on demande combien 42 ouvriers devraient travailler d'heures par jour pour faire 39.312 mètres du même ouvrage en 9 jours?

$$\frac{7 \times 37 \times 15 \times 39.312}{31.080 \times 42 \times 9} = \text{simplification faite,}$$

13 heures par jour.

XXXVII.

Un maître maçon a employé 45 ouvriers, qui ont fait, en 36 jours, un mur de 450 mètres cubes; on demande combien 75 ouvriers feraient de mètres d'un mur *semblable*, en travaillant seulement pendant 15 jours?

$$\frac{450 \times 75 \times 15}{45 - 36} = \frac{30 \times 25 \times 15}{3 \times 12}$$

$$= \frac{10 \times 25 \times 5}{1 \times 4} = \frac{5 \times 25 \times 5}{2} = 312$$

mètres, 5 dixièmes.

XXXVIII.

Une personne a fait blanchir une salle dont le pourtour *est de* 36 mètres, *et la* hauteur des murs de 3 mètres, 5 décimètres, pour une somme de 119 francs, 70 centimes; on demande quelle somme on devra payer, à proportion, pour une autre salle *dont le pourtour est de* 22 *mètres*, 6 décimètres, la hauteur des murs de 3 mètres, et blanchie aux mêmes conditions que la première?

$$\frac{119,70 \times 22,6 \times 3}{36 \times 3,5} = \text{simplification faite}$$

$$\frac{5,7 \times 11,3}{2 \times 0,5} = 64 \text{ francs, } 41 \text{ centimes.}$$

XXXVIII.

35 ouvriers ont mis 7 jours pour faire un mur de 490 mètres ; combien faudrait-il d'ouvriers pour faire un autre mur de 768 mètres en 8 jours?

$$\frac{35 \times 7 \times 768}{490 \times 8} \text{ simplification faite} =$$

$$\frac{1 \times 1 \times 48}{1 \times 1} = 48 \text{ ouvriers.}$$

XXXIX.

Un marchand de vin en gros a acheté 49 pièces de vin de Bourgogne, contenant chacune 220 litres pour 6.615 francs.

On demande combien il pourrait en avoir de pièces de même qualité pour 10.800 francs, si chaque pièce contenait 240 litres?

$$\frac{49 \times 220 \times 10.800}{6.615 \times 240} = \frac{49 \times 11 \times 180}{1.323 \times 1}$$

= 73 pièces, 33 centièmes de pièce = 73 pièces et à peu près 80 litres.

XL.

Un maître menuisier a employé 5 *ouvriers* qui ont fait 124 mètres, 49 décimètres, 10 *centim.* carrés de lambris en travaillant 6 heures par jour, *pendant 17 jours.*

On demande combien il faudrait qu'il employât d'ouvriers, qui travailleraient 9 heures par jour, pour en faire encore 276 mètres, 80 décimètres, 94 centimètres carrés, qu'il doit avoir terminés au bout de 18 jours?

$$\frac{5 \times 6 \times 17 \times 276{,}80.94}{124{,}4.910 \times 9 \times 18} = 7 \text{ ouvriers.}$$

XLI.

Un maître menuisier a employé 5 ouvriers qui, en travaillant pendant 17 jours et 6 heures par jour, ont fait 124 mètres, 49 décimètres, 10 centimètres *carrés de plancher.*

On demande combien 7 ouvriers, qui *travailleraient pendant 18 jours* et 9 heures par jour, en feraient de mètres à proportion?

$$\frac{124{,}4.910 \times 7 \times 18 \times 9}{5 \times 17 \times 6}$$

$$= \frac{12{,}4.491 \times 7 \times 6 \times 9}{17} = 276 \text{ mètres, } 80$$

décimètres, 94 centimètres carrés.

XLII.

Un menuisier a 9 ouvriers qu'il a employés pendant 27 jours, 12 heures par jour; ils lui ont fait 816 mètres, 48 décimètres carrés d'un certain ouvrage, il lui reste encore à faire 588 mètres carrés du même ouvrage; mais il ne peut y employer que 6 ouvriers qui travailleront 14 heures par jour; on demande combien il faudra de jours à ces derniers pour *terminer l'ouvrage*?

$$\frac{27 \times 9 \times 12 \times 588}{816{,}48 \times 6 \times 14} = \text{toute simplification opérée } \frac{27}{1{,}08} = 25 \text{ jours.}$$

XLIII.

15 ouvriers, travaillant pendant 7 jours, 10 heures par jour, *ont fait un fossé* de 210 mètres de long, sur 2 mètres de large, et 1 mètre, 5 décimètres de profondeur.

On demande combien 18 ouvriers, qui travailleraient pendant 5 jours, 9 heures *par jour*, feraient de mètres de longueur d'un autre fossé qui aurait 3 mètres de largeur sur 2 mètres de profondeur, en supposant que les forces des ouvriers seraient les mêmes dans les deux cas?

$\frac{210 \times 2 \times 1,5 \times 18 \times 5 \times 9}{15 \times 7 \times 10 \times 3 \times 2}$, simplification faite $= 1,5 \times 18 \times 3 = 81$ mètres de longueur.

XLIV.

On a employé 18 ouvriers qui, en travaillant 9 heures par jour, pendant 5 jours, ont fait un fossé de 81 mètres de longueur, sur 3 mètres de largeur et 2 mètres de profondeur.

On demande combien il faudrait, à proportion, d'ouvriers pour faire un autre fossé de 210 mètres de longueur, sur 2 mètres de largeur, et 1 mètre, 5 décimètres de profondeur, si cette seconde compagnie d'ouvriers travaillait pendant 7 jours, 10 heures par jour, avec la même force que les premiers?

$\frac{18 \times 9 \times 5 \times 210 \times 2 \times 1,5}{81 \times 3 \times 2 \times 7 \times 10}$ simplification faite $= 2 \times 5 \times 1,5 = 15$ ouvriers.

XLV.

Il y a, dans une grande manufacture de drap, 4.500 ouvriers qui, en travaillant pendant 220 jours et 12 heures par jour, ont fait 1.800 pièces de drap, chacune de 40 mètres de long, sur un mètre, 6 décimètres de large.

On demande combien 6.000 ouvriers, qui travailleraient 15 heures par jour, pendant 350 jours, en feraient de pièces de 50 mètres de longueur, et larges de 2 mètres chacune?

$$\frac{1.800 \times 40 \times 1,6 \times 6.000 \times 15 \times 350}{4.500 \times 220 \times 12 \times 50 \times 2}$$

$$= \frac{2 \times 2 \times 0,4 \times 120 \times 175}{11} = 3.054 \text{ pièces},$$

6/11 ou 54 centièmes de pièce.

XLVI.

Lorsque le froment coûte 14 francs, 75 centimes l'hectolitre, on a 37 kilogrammes de pain pour 9 fr., 25 centimes. On demande combien on en aurait, à proportion, de kilogrammes pour 17 fr., 15 c., si le froment coûtait 20 fr., 65 c. l'hectolitre?

$$\frac{37 \times 14,75 \times 17,15}{9,25 \times 20,65} = \frac{37 \times 0,59 \times 3,43}{0,37 \times 4,13}$$

$$= 49 \text{ kilogrammes.}$$

XLVII.

Si 275 tailleurs, en travaillant 12 heures par jour, pendant 90 jours, ont fait tous les habits nécessaires à une armée de 24.000 hommes; en combien de jours 50 tailleurs qui travailleraient 16 heures par jour, feraient-ils tous les habits à une autre armée de 7.600 hommes.

$$\frac{90 \times 275 \times 12 \times 7.600}{24.000 \times 50 \times 16} = \frac{5 \times 55 \times 5 \times 19}{80}$$

$= 117$ jours, $+ 9/16$ de jour, ou 5.625 dix-mill. de jour.

XLVIII.

On a employé 275 tailleurs pendant 90 jours, et 12 heures par jour, pour faire les habits à 24.000 hommes. Combien, à proportion, 50 tailleurs pourraient-ils habiller d'hommes, s'ils travaillaient avec la même vitesse pendant 117 jours, 5.625 dix-millièmes de jour, et 16 heures par jour ?

$$\frac{24.000 \times 50 \times 117{,}5.625 \times 16}{275 \times 90 \times 12}$$

$$= \frac{1.600 \times 15{,}0.625 \times 4}{11} = 7.600 \text{ hommes.}$$

XLIX.

500 pionniers ont fait en 2 mois un fossé de 1.200 mètres de long, 15 mètres de large et 6 mètres de profondeur.

On demande en combien de temps 650 autres

pionniers feraient un autre fossé qui aurait 1.150 mètres de long, 18 mètres de large et 7 mètres, 5 décimètres de profondeur?

$$\frac{2 \times 500 \times 1.150 \times 18 \times 7{,}5}{1.200 \times 15 \times 6 \times 650} = \frac{23 \times 2{,}5}{2 \times 13}$$

$= 2$ mois, 6 jours, 9/26 de jour.

L.

Lorsqu'on vend le froment 14 fr., 75 c. l'hectolitre, on a 37 kilogrammes de pain pour 9 fr., 25 c.; on demande combien, à proportion, doit coûter l'hectolitre de même grain, lorsque 49 kilogrammes de pain coûtent 17 fr., 15 c.?

$$\frac{14{,}75 \times 37 \times 17{,}15}{9{,}25 \times 49} = \frac{0{,}59 \times 17{,}15}{49}$$

$= 20$ fr., 65 c. l'hectolitre.

DE LA RÈGLE D'INTÉRÊT.

Intérêt simple.

I.

Une personne a prêté une somme de 2.345 fr., à raison de 6 pour 0/0; on demande combien elle doit recevoir au bout d'un an, intérêt et capital?

2.345 : 100 = 23,45 × 6 = 140 fr., 70 c., intérêt.
2.345 + 140,70 = 2.485 fr., 70 c., intérêt et capital.

II.

Quelqu'un a emprunté 12.728 francs, au taux de 5 fr., 50 c. pour 0/0. On demande quelle somme on devra remettre, au bout d'un an, au prêteur, pour se libérer du capital et de l'intérêt?

$$\frac{12.728 \times 5,5}{100}$$ = 700 francs, 04 centimes, l'in-

térêt. Somme due au prêteur : 12.728 + 700,04 = 13.428 fr., 04 c.

III.

Une personne a placé 24.749 fr., à raison de 6 fr., 50 c. du 0/0, par an; combien doit-elle toucher de rente chaque année ?

$$\frac{24.749 \times 6,5}{100} = 1.608 \text{ fr., } 68 \text{ c., } 5 \text{ dixièmes,}$$

rente annuelle.

IV.

Quelqu'un qui avait prêté 12.728 fr., a touché 700 fr., 04 c. d'intérêt au bout d'un an; à quel taux cette somme était elle placée ?

$$\frac{700,04 \times 100}{12.728} = 5 \text{ fr., } 50 \text{ c. pour cent, taux}$$

de l'intérêt.

V.

Une personne a acheté des rentes sur l'état au cours de 75 fr., 75 c.; on demande combien elle retirera annuellement de cet achat, sachant qu'elle a déboursé 681 francs, 75 centimes ?

(Les 75 francs, 75 centimes représentent 100 francs de capital à 5 pour 0/0 par an.)

$$\frac{5 \times 681{,}75}{75{,}75} = 45 \text{ francs par an.}$$

VI.

On a reçu, au bout d'un an pour le capital et les intérêts d'une somme prêtée à 7 fr., 50 cent. pour 0/0 par an, 4,027 francs, 38 centimes.

On demande *quelle somme on avait prêtée?*

$$\frac{4.027{,}38 \times 7{,}50}{107{,}50} = 280 \text{ francs, } 98 \text{ centimes,}$$

intérêt de la somme prêtée.

$4.027{,}38 - 280{,}98 = 3.746$ fr., 40 centimes, somme prêtée.

VII.

Quelqu'un a reçu au bout d'un an, 4,027 fr., 38 centimes, intérêt et principal pour un capital de 3.746 fr., 40 c.

Quel était le taux de l'intérêt de la somme prêtée ?

$4.027{,}38 - 3.746{,}40 = 280{,}98 =$ l'intérêt de la somme prêtée.

$$\frac{280{,}98 \times 100}{3.746{,}40} = 7 \text{ fr., } 50 \text{ c. pour } 0/0, \text{ taux}$$

de l'intérêt.

VII *bis.*

A quel taux faut-il placer 16.222 fr., 25 c. pour avoir un revenu annuel de 747 fr., 35 c. ?

$$\frac{747{,}35 \times 100}{16.222{,}25} = 4 \text{ fr., } 60 \text{ c., } 6 \text{ dixièmes de c.,}$$

taux de la somme à placer.

VIII.

Un marchand a acheté du drap à raison de 27 fr., 35 c. le mètre; combien faut-il qu'il le revende pour gagner 10 pour 0/0 ?

$$\frac{27{,}35 \times 110}{100} = 30 \text{ fr., } 08 \text{ c., } 5 \text{ dixièmes de c.,}$$

prix qu'il faudra revendre le mètre.

IX.

En vendant du drap 30 fr., 085 milièmes, ou 30 fr., 08 c. et demie le mètre, un marchand a gagné 10 pour 0/0 ; combien ce drap lui avait-il coûté ?

$$\frac{30{,}085 \times 100}{110} = 27 \text{ fr., } 35 \text{ c. le mètre.}$$

X.

Une propriété rapporte net 1.530 fr. par an; à combien faut-il porter le prix d'achat pour que le vendeur en retire le même revenu, en le plaçant à 4 fr, 50 c. pour 0/0 par an?

$$\frac{1.530 \times 100}{4,50} = 34.000 \text{ fr., prix qu'il faudrait la vendre.}$$

XI.

Quelqu'un a acheté des rentes sur l'état pour une somme de 6.135 fr., 75 c., qui lui procure un revenu de 405 fr. par an; on demande quel était le cours de la rente?

$$\frac{6.135,75 \times 5}{405} = 75 \text{ fr., } 75 \text{ c., cours de la rente.}$$

XII.

Quelqu'un désire se procurer un revenu de 3.240 fr., en achetant des rentes sur l'état au cours de 75 fr., 75 c.; on demande quelle somme il faudra débourser?

$$\frac{75,75 \times 3.240}{5} = 49.086 \text{ fr., somme qu'il faudra débourser.}$$

XIII.

Une personne a placé 15.386 fr. à raison de

5 pour 0/0, et a acheté deux propriétés : l'une de 7.345 fr., qui lui rapporte 6 pour 0/0; l'autre de 18.428 fr., qui lui rapporte 5 fr., 50 c. pour 0/0; on demande combien cette personne peut dépenser par jour en ne touchant qu'à la rente des trois sommes ci-dessus?

1er Somme : $\frac{15.386 \times 5}{100} = 769$ fr., 30 cent., rente annuelle.

2me Somme : $\frac{7.345 \times 6}{100} = 440$ fr., 70 cent., rente annuelle.

3me Somme : $\frac{18.428 \times 5,5}{100} = 1.013$ fr., 54 c., rente annuelle.

769,30 + 440,70 + 1.013,54 = 2.223 fr., 54 c., somme à dépenser par an.

2.223,54 : 365 = 6 fr., 09 c., 19 c. de centime, à dépenser par jour.

XIV.

A quel taux faudrait-il placer 29.854 fr., 55 c., pour avoir 4 fr., 50 c. à dépenser par jour, en ne touchant que les intérêts ?

4,50 × 365 = 1.642 fr., 50 c., revenu qu'il faut se procurer annuellement.

$$\frac{1.642,50 \times 100}{29.854,55} = 5 \text{ fr., } 50 \text{ c., taux demandé.}$$

XV.

Un marchand dit, que s'il avait acheté une certaine marchandise 75 fr., 15 c. moins cher, il aurait gagné 6 pour 0/0 en la revendant 507 fr., 21 c.; combien cette marchandise lui avait-elle coûté ?

$$\frac{507,21 \times 100}{106} = 478 \text{ fr., } 50 \text{ c., prix qu'aurait}$$

coûté la marchandise si l'on avait gagné 6 p. 0/0 en la revendant 507 fr., 21 c.

Elle avait donc coûté 478 fr., 50 + 75 fr., 15 c., = 553 fr., 65 c.

XVI.

Un marchand a acheté de la toile à raison de 2 fr., 75 c. *Combien faudra-t-il qu'il la revende* pour gagner 20 p. 0/0?

$$\frac{2,75 \times 120}{100} = 3 \text{ francs, } 30 \text{ centimes le mètre.}$$

XVII.

En vendant pour 1.692 fr., 90 c., un marchand a gagné 20 p. 0/0. Quel a été son bénéfice total?

$$\frac{1.692,90 \times 20}{120} = 282 \text{ fr., } 15 \text{ c., bénéfice net.}$$

XVIII.

Un particulier a acheté 975 fagots, à condition que sur chaque cent on lui en donnera 6 en sus; on demande combien on doit lui en livrer?

$$\frac{975 \times 106}{100} = 1.033 \text{ fagots, 5 dixièmes, ou } 1/2.$$

XIX.

Un négociant, *qui avait à recevoir chez* plusieurs débiteurs différents billets, formant une somme de 17.486 francs, charge son premier commis de faire ces recouvrements, en lui promettant 2 décimes par franc sur le total de la somme; combien ont-ils eu chacun?

$$\frac{17.486 \times 2}{10} = 3.497 \text{ fr., } 20 \text{ c., part du commis.}$$

17.486 — 3.497 fr., 20 = 13.988 fr., 80 c., pour le négociant.

XX.

Un marchand a perdu 6 fr., 50 c. par 100 fr. d'achat, sur une partie de marchandise qu'il avait achetée. Sachant qu'il a perdu 968 fr., 50 c., on demande pour combien il avait acheté de cette marchandise?

$$\frac{968{,}50 \times 100}{6{,}50} = 14{,}900 \text{ fr.}$$

XXI.

On a placé pour un an, et à 6 fr., 50 c. du cent, un capital *tel*, que le remboursement de ce capital, les intérêts compris, s'est élevé au bout de l'année à 15.868 fr., 50 c.

Combien avait-on placé?

$$\frac{15.868{,}50 \times 100}{106{,}50} \quad 14{,}900 \text{ fr., somme placée.}$$

XXII.

On demande quel sera l'intérêt de la somme de 3.748 fr., prêtée à intérêt simple, au bout de 5 ans, le taux de l'intérêt étant de 5 fr., 50 c., pour 0/0, par an?

$$\frac{3.748 \times 5{,}50}{100} \times 5 \text{ ans} = 1.030 \text{ fr., } 70 \text{ c.}$$

XXIII.

Quelqu'un a placé 18.745 fr., à raison de 5 pour 0/0 par an. A l'époque du remboursement, il reçoit, intérêts simples et principal 25.305 fr., 75 cent.

Pendant combien de temps l'argent est-il resté prêté?

25.305,75 — 18.745 = 6.560 fr., 75 c., intérêt de la somme prêtée.

$$\frac{6.560,75 \times 100}{18.745} = 35 \text{ fr., l'intérêt de 100 fr. pendant le temps inconnu.}$$

Mais la somme avait été placée à 5 du 0/0 par an. Elle a donc été prêtée pendant autant d'années qu'il y a de fois 5 dans 35; c'est-à-dire, pendant 7.

XXIV.

Quel capital faut-il placer à 5 fr. pour 0/0, afin de s'acquitter, en 6 ans d'une dette de 37.440 fr., en ne touchant qu'aux intérêts de ce capital?

$$\frac{37.440 \times 100}{5 \times 6} = \textit{124.800 fr.}\text{, somme qu'il faudra placer.}$$

XXV.

Quel sera l'*intérêt d'une somme* de 2.455 fr., au bout de 3 ans, 5 mois, 15 jours, le taux de l'intérêt étant de 5 fr., 50 c. pour 0/0 par an?

$$\frac{5,50 \times 2.455 \times 1.245 \text{ jours}}{100 \times 360 \text{ jours}} = 466 \text{ fr., 96 cent.}$$

7

XXVI.

Après combien de temps 2.455 fr., prêtés à 5 fr., 50 c. pour 0/0 par an, rapporteront-ils 466 fr., 96 c. d'intérêt?

$\frac{2.455 \times 5,50}{100}$ = 135 fr., 025 millièmes, l'intérêt au bout d'un an.

466 fr., 96 c. : 135,025 = 3 ans, 5 mois, 15 jours.

XXVII.

Quelqu'un qui doit à un créancier 15.203 fr., a placé à 6 fr., 50 c. pour 0/0 par an, une somme telle, qu'en versant chaque année les intérêts à son créancier, il se trouve quitte avec ce dernier à la fin de la septième année, et il lui reste encore 722 francs.

Quelle somme avait-il placée?

15.203 + 722 = 15.925 fr., l'intérêt total qu'a produit le capital.

L'intérêt de 100 fr., au bout de 7 ans = 45 fr., 50 centimes. Si 45 fr., 50 c. viennent de 100 fr. de principal, 15.925 viendront de x.

$\frac{15.925 \times 100}{45,50}$ = 35.000 fr., capital demandé.

XXVIII.

Quelqu'un a placé 4.358 fr., à 6 fr., 25 c. du 0/0 par an, pendant 4 ans, 8 mois, 15 jours.

Combien recevra-t-on à cette époque?

(4 ans, 8 mois, 15 jours = 1.695 jours).

$$\frac{6,25 \times 4.358 \times 1.695}{100 \times 360} = 1.282 \text{ fr., } 43 \text{ c., intérêt net.}$$

4.358 + 1.282 fr., 43 c. = 5.640 fr., 43 cent., intérêt et principal.

XXIX.

Combien doit-on recevoir d'intérêt au bout de 5 mois, pour une somme de 1.500 fr. placée à 7 pour 0/0 par an?

$$\frac{7 \times 1.500 \times 5}{100 \times 12} = 43 \text{ francs, } 75 \text{ centimes.}$$

XXX.

On a placé une somme à 4 fr., 50 c. pour 0/0, et en 3 ans, 5 mois, 10 jours, elle a produit 1.124 fr., 68 c. d'intérêt.

Quel était le capital placé?

(3 ans, 5 mois, 10 jours = 1.240 jours.)

$$\frac{100 \times 360 \times 1.124,68}{450 \times 1.240 \text{ jours.}} = 7.256 \text{ fr., capital placé.}$$

XXXI.

Une somme de 7.256 fr., placée pendant 3 ans, 5 mois, 10 jours, a rapporté 1.124 fr., 68 c. d'intérêt.

A quel taux cette somme était-elle placée?

$$\frac{1.124{,}68 \times 100 \times 360 \text{ jours}}{7.256 \times 1.240 \text{ jours}} = 4 \text{ fr., } 50 \text{ cent.,}$$

taux de l'intérêt.

XXXII.

Quelqu'un a placé une somme à un taux tel, qu'après 18 mois, l'intérêt et le principal formaient 1.945 francs, et qu'au bout de 5 ans le capital et les intérêts étaient de 2.312 fr., 60 c., 5 dixièmes de centime.

On désire connaître le capital et le taux des intérêts?

En 60 mois — 18 = 42 mois, l'intérêt a été de 2.312 fr. — 1.945 = 367 fr., 605.

$$\frac{367{,}605 \times 100 \times 12}{1.945 \times 42} = 5 \text{ fr., } 40 \text{ c., taux de}$$

l'intérêt.

Si 100 francs, pendant 12 mois, rapportent 5 fr. 40 cent., pendant un mois ils rapportent :

$\frac{5{,}40}{12}$, et en 18 mois, ils doivent rapporter 18 fois plus $= \frac{5,40 \times 18}{12} = 8$ fr., 10 c.

Ce raisonnement nous conduit au suivant : Si 108 fr., 10 c., intérêts et principal, viennent du capital 100 fr.; 1.945 fr., intérêts et principal, viendront de x.

$\frac{1.945 \times 100}{108,10} = 1.799$ fr., 26 c., premier capital.

XXXIII.

On a placé 785 fr. à un intérêt annuel de 7 fr., 75 c. pour 0/0. On demande ce que devra l'emprunteur, intérêts et *principal*, au bout de 14 mois, 8 jours?

$\frac{7,75 \times 785 \times 428 \text{ jours}}{100 \times 360} = 72$ fr., 33 c., l'intérêt.

$72,33 + 785 = 857$ fr., 33 c., intérêt et principal.

XXXIV.

Quelqu'un a placé une somme à raison de 5 fr., 25 c. pour 0/0; après cinq ans, ce capital, joint aux intérêts simples qu'il a produits et placé de nouveau, *mais à 6 pour 0/0 par an*, produit un revenu annuel de 1,515 fr.

On demande quelle somme on avait placée primitivement?

$$\frac{1.515 \times 100}{6} = 25.250 \text{ fr.},$$ *capital placé au bout des cinq premières années.*

Maintenant, pour trouver le premier capital placé, *nous disons* : *100* fr. rapporteraient 5 fr., 25 c. par an, mais en 5 ans, ils ont rapporté 5 fr., 25 c. $\times$ 5 = 26 fr., 25 c.

Donc : si 126 fr., 25 c., capital et intérêts viennent d'un premier capital 100 fr., 25.250 fr., ca-*pital et intérêts* viendront d'un capital simple représenté par x.

$$\frac{25.250 \times 100}{126,25} = 20.000 \text{ fr.},$$ capital primitif.

XXXV.

Une personne a acheté pour 17.458 francs de marchandises qui lui sont restées 27 mois en magasin, et les frais de transport et d'emballage avaient coûté 2.542 francs.

On demande combien elle doit les revendre actuellement, en ne calculant que les intérêts simples, pour gagner 3 fr., 50 c. pour 0/0, sachant que le montant de cet achat aurait pu être placé à 5 pour 0/0 par an, pendant les 27 mois?

17.458 + 2.542 = 20.000 *fr., dépense totale.*

$$\frac{5 \times 20.000 \times 27}{100 \times 12} = 2.250,$$ intérêt de la dépense totale pendant 27 mois.

20,000 + 2.250 = 22.250 francs, prix d'achat augmenté des intérêts qu'il aurait produits.

$$\frac{22.250 \quad 3,50}{100} = 778 \text{ fr., } 75 \text{ c.,}$$ bénéfice résultant de 3 fr., 50 c. pour 0/0 sur les premières dépenses, et des intérêts qu'elles auraient produit à 5 pour 0/0.

22.250 fr. + 778 fr., 75 c. = 23.058 fr., 75 c., prix qu'il faudra revendre les marchandises pour *satisfaire aux conditions du problème*.

XXXVI.

Un négociant emprunte une somme de 34.740 francs, à 5 fr., 75 c. pour 0/0 par an; il ne paie les intérêts simples qu'au bout de 4 ans, 5 mois, et il rembourse en même temps le principal.

Quelle somme doit-il payer en totalité?

$$\frac{5,75 \times 34.740 \times 53}{100 \times 12} = 8.822 \text{ fr., } 51 \text{ c., } 25$$ centièmes de c., intérêt pendant 4 ans, 5 mois ou 53 mois.

34.740 + 8.822,51 = 43.562 fr., 51 c., somme totale à rembourser.

XXXVII.

En combien de mois 34.740 fr., placés à 5 fr.,

75 c. pour 0/0 par an, rapporteraient-ils 8.822 fr., 51 c. 25 centièmes de c. d'intérêt?

$$\frac{12 \times 100 \times 8.822,5.125}{5,75 \times 34.740} = 53 \text{ mois.}$$

XXXVIII.

Un particulier a placé une somme à 4 pour 0/0, et elle lui rapporte annuellement 184 fr., 80 c.

Il a ensuite prêté une somme de 13.815 fr., à raison de 5 pour 0/0, et une troisième somme dont on ne connaît ni le taux ni le produit; mais on sait que le total de ses capitaux est de 19.935 fr., et qu'il a 954 fr., 30 c. de revenu.

On demande à connaître la première somme placée ainsi que la troisième; combien la troisième rapporte pour 0/0, et quel est le montant de l'intérêt de la deuxième?

$$\frac{184,80 \times 100}{4} = 4.620 \text{ fr., première somme placée.}$$

$$\frac{13.815 \times 5}{100} = 690 \text{ fr., } 75 \text{ c., l'intérêt de la deuxième somme.}$$

La première somme 4.620 fr. + la deuxième 13.815 = 18.435 fr.

Total des capitaux 19.935 — 18.435 = 1.500 fr., troisième somme placée.

L'intérêt de *la* première somme : 184 fr., 80 c. + 690 fr., 75, l'intérêt de la deuxième somme = 875 fr., 55 c.

Revenu total : 954 fr., 30 — 875, 55 = 78 fr., 75 c., intérêt de la troisième somme.

$$\frac{78{,}75 \times 100}{1.500} = 5 \text{ fr., } 25 \text{ c. pour } 0/0,$$ le taux de l'intérêt de la troisième somme.

XXXIX.

Une personne fait valoir une *propriété qui*, évaluée 25.000 francs, lui rapporte 5 francs, 40 c. pour 0/0. Mais cette même personne doit 15.000 fr., à un intérêt tel, qu'après l'avoir payé chaque année, il ne lui reste que 300 fr. sur le produit de sa propriété. A quel taux les 15.000 francs sont-ils *empruntés?*

$$\frac{25.000 \times 5{,}40}{100} = 1.350 \text{ fr.},$$ le produit annuel de la propriété.

1.350 — 300 = 1.050 fr., intérêt total des 15.000 *par an.*

$$\frac{1.050 \times 100}{15.000} = 7 \text{ pour } 0/0,$$ taux demandé.

XL.

Un marchand a acheté 28 mètres, 4 décimètres de drap, à raison de 15 fr., 25 c. le mètre, et il a revendu le tout 454 fr., 75 centimes.

Plus 45 cravates, pour 159 fr., 75 c., et qu'il a revendues 3 fr., 25 c. la pièce.

On demande ce qu'il a gagné ou perdu par 0/0 sur son marché.

15,25 × 28,4 = 433 fr., 10 c., prix du premier achat.

454,75 — 433,10 = 21 fr., 65 c., gain *sur le* premier achat.

3,25 × 45 = 146 fr., 25 c., total de la vente des cravates.

159,75 — 146,25 = 13 fr., 50 c., perte sur *le* deuxième achat.

Gain 21 fr., 65 c. — perte 13 fr., 50 = 8 fr., 15 c., gain net.

433,10 + 159,75 = 592 fr., 85 c., déboursé total.

Si sur 592 fr., 85 c. on gagne 8 fr., 15 c.; sur 100 fr. on gagnera :

$$\frac{8,15 \times 100}{592,85} = 1 \text{ franc, } 375 \text{ millièmes.}$$

Intérêt Composé.

I.

Quelqu'un a prêté une somme de 7.325 fr., à 5 pour 0/0 par an; combien recevra-t-il au bout de trois ans, capital et intérêts composés?

$\frac{7.325 \times 5}{100} = 366$ fr., 25 c., l'intérêt de la première année.

7.325 + 366,25 = 7.691 fr., 25 c., capital placé pendant la deuxième année.

$\frac{7.691,25 \times 5}{100} = 384$ fr., 5.625, l'intérêt au bout de la deuxième année.

7.691,25 + 384,5.625 = 8.075 fr., 8.125, capital placé pendant la troisième année.

$\frac{8.075,8.125 \times 5}{100} = 403$ fr., 790.625, l'intérêt au bout de la troisième année.

8.075,8125 + 403,790.625 = 8.479 fr., 60 c., somme que l'on devra recevoir au bout de 3 ans.

II.

On demande combien on devra recevoir après 5 ans, pour le capital et les intérêts composés d'une somme de 35.000 fr., placée à 5 fr., 25 c. pour 0/0 par an.

$$\frac{35.000 \times 5,25}{100} = 1.837 \text{ fr., } 50 \text{ c.,}$$ l'intérêt au bout de la première année.

35.000 + 1.837,50 = 36.837 fr., 50 c., capital au commencement de la deuxième année.

$$\frac{36.837,50 \times 5,25}{100} = 1.933 \text{ fr., } 96.875,$$ l'intérêt de la deuxième année.

36.837,50 + 1.933,96.875 = 38.771 fr., 46.875, capital pendant la troisième année.

$$\frac{38.771,46.875 \times 5,25}{100} = 2.035 \text{ f., } 502.109.375,$$ intérêt de la troisième année.

38.771 fr., 46.875 + 2.035 fr., 502.109.375 = 40.806 fr., 970.859.375, capital pendant la quatrième année.

$$\frac{40.806,970.859.375 \times 5,25}{100} = 2.142,3.659.701.$$ 171.875 intérêt au bout de la quatrième année.

40.806 fr., 970.859.375 + 2.142 fr., 3.659.701. 171.875 = 42.949 fr., 3.368.294.921.875, capital placé pendant la cinquième année.

$$\frac{42.949,3.368.294.921.875 \times 5,25}{100} = 2.254 \text{ fr.,}$$

84 c., intérêt au bout de la cinquième année.

42.949 fr., 34 c. + 2.254 fr., 84 c. = 45.204 fr., 18 c., somme que l'on devra recevoir au bout des cinq ans.

III.

Une personne a emprunté une somme de 4.300 fr., à raison de 5 p. 0/0 par an; mais ayant été 2 ans, 7 mois sans en payer les intérêts, après ce temps, elle fait le remboursement et paye les intérêts des intérêts.

On demande combien elle doit rembourser?

$$\frac{4.300 \times 5}{100} = 215$$ francs, intérêt au bout de la première année.

4.300 + 215 = 4.515, capital pendant la deuxième année.

$$\frac{4,515 \times 5}{100} = 225$$ fr., 75 c., intérêt après la deuxième année.

4.515 + 225,75 = 4.740 fr., 75 c., capital pendant les 7 mois.

$$\frac{4.740,75 \times 7 \times 5}{100 \times 12} = 138$$ fr., 27 c., intérêt au bout des 7 mois.

4,740,75 + 138,27 = 4.879 fr., 02 centimes, somme à rembourser.

IV.

Quelqu'un a placé 6.795 fr. pour 2 ans, 4 mois, à raison de 10 pour 0/0 par an. On demande combien il recevra, à l'époque du remboursement, pour le capital et les intérêts des intérêts?

6.795 : 10 = 679 fr., 5 décimes, intérêt au bout de la première année.

6.795 + 679,5 = 7.474 fr., 5 déc., capital au *commencement de la deuxième année.*

7.474,5 : 10 = 747 fr., 45 c., intérêt après la deuxième année.

7.474,5 + 747,45 = 8.221 fr., 95 c., capital pendant les 4 mois.

$$\frac{8.221,95 \times 10 \times 4}{100 \times 12} = 274 \text{ fr., } 065 \text{ milliè-}$$

mes, intérêt pendant les 4 mois.

8.221,95 + 274,065 = 8.496 fr., 15 millièmes, somme à rembourser.

V.

On demande quelle somme il faudrait placer immédiatement pour toucher 8.221 fr., 95 cent. après *deux ans, l'intérêt annuel étant fixé* à 5 pour 0/0 ?

$$\frac{100 \times 5}{100} = 5 \text{ fr., intérêt de } 100 \text{ fr. au bout}$$

d'un an.

$100 + 5 = 105$ fr., pendant la deuxième année.

$$\frac{105 \times 5}{100} = 5 \text{ fr., } 25 \text{ c.}$$ l'intérêt de 105 fr. après la deuxième année.

$105 + 5{,}25 = 110$ fr., 25 c., intérêt et principal.

Si 110 fr., 25 c., intérêts et principal viennent de 100 capital net; 8.221,95 viendront de $x =$

$$\frac{8.221{,}95 \times 100}{110{,}25} = 7.457 \text{ fr., } 55 \text{ c.}$$ la somme qu'il faudrait verser immédiatement.

VI.

Une personne a acheté pour 17.458 fr. de marchandises qui lui sont restées 27 mois en magasin; on demande combien elle doit les revendre actuellement pour gagner *3 fr., 50 c.* pour 0/0 sur le prix que coûtent ces marchandises en ce moment, sachant que le montant de l'achat aurait pu être placé à 5 p. 0/0 par an, intérêts composés, depuis les 27 mois?

$$\frac{17.458 \times 5}{100} = 872 \text{ fr., } 90 \text{ c.}$$ intérêt au bout de la première année.

$17.458 + 872{,}90 = 18.330$ fr., 90 c., capital au commencement de la deuxième année.

$\frac{18.330,90 \times 5}{100}$ = 916 fr., 545, intérêt après la deuxième année.

18.330,90 + 916,545 = 19.247 fr., 445, capital placé pendant les trois derniers mois.

$\frac{19.247,445 \times 5 \times 3 \text{ mois}}{100 \times 12 \text{ mois}}$ = 240 fr., 59 c., intérêt pendant les trois mois.

19.247,445 + 240,59 = 19.488 fr., 04 c., prix que coûtent actuellement les marchandises.

$\frac{19.488,04 \times 3,50}{100}$ = 682 fr., 08 c., gain que donnent les 3 fr., 50 c. pour 0/0.

19.488,04 + 682,08 = 20.170 fr., 12 c., prix qu'il faudra revendre les marchandises pour satisfaire aux conditions du problème.

VII.

Quelle somme faudrait-il placer actuellement à 5 pour 0/0, intérêts composés, pour toucher au bout de 2 ans 7 *mois*, *4.879 fr., 02 c.*, *intérêts* et capital?

L'intérêt de 100 fr., au bout d'un an, est de 5 fr., ce qui fait 105 fr. pendant la deuxième année.

$\frac{105 \times 5}{100}$ = 5 fr., 25 c., intérêt après la 2me année.

105 + 5,25 = 110 fr., 25 c., capital placé pendant les 7 mois.

$\frac{110,25 \times 5 \times 7}{100 \times 12}$ = 3 fr., 215.625, intérêt pendant les 7 mois.

110,25 + 3,215.625 = *115 fr.*, 465.625, intérêt et principal.

Maintenant nous disons : Si 115 fr., 465.625 viennent d'un premier capital 100 fr., 4.879 fr., 02 c., intérêts et *principal, viendront d'un capital x*.

$\frac{4.879,02 \times 100}{115,465.625}$ = 4.299 fr., 99 centimes, ou 4.300 fr., somme qu'il faudra placer immédiatement.

VI.

Combien recevra-t-on au bout de 3 ans, 5 mois, 15 jours pour 14.000 francs prêtés à intérêts composés ; le taux de l'intérêt étant de *4 fr., 50 cent.* par an ?

$\frac{14.000 \times 4,50}{100}$ = 630 fr., intérêt de la première année.

14.000 + 630 = 14.630, capital pendant la deuxième année.

$$\frac{14.630 \times 4,50}{100} = 658 \text{ fr., } 35 \text{ c.,}$$ intérêt après la deuxième année.

14.630 + 658,35 = 15.288 fr., 35 c., capital pendant la troisième année.

$$\frac{15.288,35 \times 4,50}{100} = 687 \text{ fr., } 97.575,$$ intérêt après la troisième année.

15.288,35 + 687,97.575 = 15.976 fr., 32.575, capital pendant les 165 derniers jours.

$$\frac{15.976,32.575 \times 4,50 \times 165}{100 \times 360} = 329 \text{ f., } 511.718,$$ intérêt pendant les 165 jours.

15.976 fr., 32.575 + 329 fr., 511.718 = 16.305 fr., 85 c., somme à toucher au bout des 3 ans, *5 mois, 15 jours.*

VII.

Quelqu'un a placé une somme de 5.000 fr. à 2 fr., 50 c. pour 0/0 par semestre. Combien devra-t-il recevoir, intérêts et capital, au bout de 28 mois, sachant que les intérêts doivent être capitalisés tous les six mois ?

$$\frac{5.000 \times 2,50}{100} = 125 \text{ fr., intérêt au bout du}$$

premier semestre.

5.000 + 125 = 5.125 fr., capital pendant le deuxième semestre.

$$\frac{5.125 \times 2,50}{100} = 128 \text{ fr., } 125 \text{, l'intérêt après}$$

le deuxième semestre.

5.125 + 128,125 = 5.253 fr., 125, capital pendant le troisième semestre.

$$\frac{5.253,125 \times 2,50}{100} = 131 \text{ fr., } 328,125 \text{, intérêt}$$

après le troisième semestre.

5.253,125 + 131,328.125 = 5.384 fr., 453.125, capital pendant le quatrième semestre.

$$\frac{5.384,453.125 \times 2,50}{100} = 134 \text{ fr., } 611.328.125,$$

intérêt après le quatrième semestre.

5.384,453.125 + 134,611.328.125 = 5.519 fr., 064.453.125, capital pendant les quatre derniers mois.

$$\frac{5.519,064.453.125 \times 4 \times 2,5}{100 \times 6} = 91 \text{ francs,}$$

98.440.755, intérêt après les quatre derniers mois.

5.519 fr., 064.453.125 + 91 fr., 98.440.755 = 5.611 fr., 05 c., somme à recevoir après le temps déterminé par le problème.

DE LA RÈGLE D'ESCOMPTE.

I.

Un particulier a un billet de 2.526 fr. à recevoir, mais ayant besoin d'argent, il en demande le paiement *immédiat, et on le lui* escompte à raison de 5 fr., 25 c. pour 0/0.

On demande combien il a reçu, sachant que ce billet n'échéait qu'un an plus tard?

$$\frac{2.526 \times 5,25}{100} = 132 \text{ fr., } 615 \text{ *millimes*, escompte du billet.}$$

2.526 — 132,62 = 2.393 fr., 38 c., somme reçue comptant.

II.

On demande quel serait l'escompte d'un billet de 5.945 fr. qui aurait encore 7 mois à courir, si le taux de l'escompte était de 6 pour 0/0 par an?

$$\frac{5.945 \times 6 \times 7}{100 \times 12} = 208 \text{ fr., } 075 \text{ millimes, escompte du billet.}$$

III.

On a retenu 132 fr., 615 millimes pour l'escompte d'un billet de 2.526 fr.

A quel taux pour 0/0 l'escompte a-t-il été calculé?

$$\frac{132{,}615 \times 100}{2.526} = 5 \text{ francs, } 25 \text{ cent., taux de l'escompte.}$$

IV.

Quelqu'un a reçu 2.393 fr., 385 millimes pour un billet qu'on lui a escompté, à raison de 5 fr., 25 c. pour 0/0.

On demande quel était le montant du billet?

$$\frac{2.393{,}385 \times 100}{94{,}75} = 2.526 \text{ francs, montant du billet.}$$

V.

Une personne qui doit à un marchand 3.455 fr., lui donne en payement un billet de 4.000 fr., qui a encore 5 mois à courir. On demande combien le marchand doit remettre à cette personne, sachant que l'escompte du billet doit être de 6 pour 0/0 par an?

$$\frac{4.000 \times 5 \times 6}{100 \times 12} = 100 \text{ fr., escompte du billet.}$$

4.000 — 100 fr. = 3.900 fr., valeur actuelle du billet.

3.900 — 3.455 fr. = 445 fr., somme à remettre à la *personne.*

VI.

Un marchand a vendu pour 3.455 francs de marchandises à un an de crédit; mais il est convenu avec son débiteur que si ce dernier paie avant l'époque fixée, il lui sera fait une remise de 4 fr., 50 c. pour 0/0 par an sur le montant de cet achat.

Combien doit-il payer en tout, s'il s'acquitte au bout de 5 mois.

$$\frac{3.455 \times 7 \times 4,50}{100 \times 12} = 90 \text{ fr., } 69 \text{ c., somme à}$$

diminuer sur le total de la vente.

3.455 — 90,70 = 3.364 fr., 30 c., somme à payer au marchand.

VII.

Une personne a acheté pour 6.000 fr. de marchandises à un an de crédit; mais elle convient avec le vendeur que si elle peut acquitter le montant du billet avant l'époque fixée, on lui fera remise d'une somme de 5 fr., 50 cent. pour 0/0 par an.

Au bout d'un certain temps, elle paye au vendeur 5.780 fr., et se trouve quitte.

Après combien de mois a-t-elle payé?

6.000 — 5.780 fr. = 220 fr., l'escompte net de la somme.

$$\frac{12 \times 100 \times 220}{5,50 \times 6.000} = 8 \text{ mois d'escompte.}$$

On a donc payé après 4 mois.

VIII.

Un particulier a un billet de 6.500 fr., qui a encore 50 jours d'échéance; mais ayant besoin de fonds, il s'adresse à un banquier qui le lui escompte à raison de 0 fr., 75 c. par mois.

Combien a-t-il reçu?

$$\frac{6.500 \times 0,75 \times 50}{100 \times 30} = 81 \text{ fr., } 25 \text{ c., escompte du billet.}$$

6.500 — 81 fr., 25 = 6.418 fr., 75 c., somme reçue.

DE LA RÈGLE DE SOCIÉTÉ
OU DE RÉPARTITION.

I.

Trois personnes ont fait en commun une entreprise, pour laquelle la première a mis une somme de 600 fr.; la deuxième, 525 fr., et la troisième, 375 fr.

Elles ont fait un bénéfice net de 4.500 fr.

On demande quelle a été la part de chaque personne, sachant que le bénéfice a été partagé proportionnellement à la mise de chacune?

600 + 525 + 375 = 1.500 francs, total des mises.

$$\frac{4.500 \times 600}{1.500} = 1.800 \text{ fr., part de la 1}^{\text{re}} \text{ pers.}$$

$$\frac{4.500 \times 625}{1.500} = 1.575, \text{ fr., part de la deuxième.}$$

$$\frac{4.500 \times 375}{1.500} = 1.125 \text{ fr., part de la troisième.}$$

TOTAL... 4.500 fr., s^{me} partagée proport^{t}.

II.

Un homme, en mourant, doit à quatre créanciers, savoir : Au premier, 4.250 fr.; au deuxième, 3.200 fr.; au troisième, 2.430 fr., et au quatrième, 4.720 fr., et sa succession ne monte qu'à 6.300 fr. On demande combien chaque créancier perdra à proportion de ce qui lui est dû?

4.250 fr. + 3.200 fr. + 2.430 fr. + 4.720 = 14.600 fr., dette totale.

14.600 — 6.300 = 8.300 fr., perte totale.

$$\frac{8.300 \times 4.250}{14.600} = 2.416 \text{ fr. } 09 \text{ c.} + 86 \text{ de reste,}$$

perte du 1er créancier.

$$\frac{8300 \times 3.200}{14.600} = 1.819 \text{ fr., } 17 \text{ c.} + 118 \text{ de reste,}$$

perte du 2me créancier.

$$\frac{8.300 \times 2.430}{14.600} = 1.381 \text{ fr., } 43 \text{ c.} + 122 \text{ de reste,}$$

perte du 3me créancier.

$$\frac{8.300 \times 4.720}{14.600} = 2.683 \text{ fr., } 28 \text{ c.} + 112 \text{ de reste,}$$

perte du 4me créancier.

Les restes. . . . . 3 c.

$$\begin{array}{r|l} 438 & 146 \\ \hline 000 & 3 \text{ c.} \end{array}$$

8.300 fr., 00 c., perte totale.

III.

Deux personnes ont acheté en commun une propriété de 10.773 francs, qui leur produit un revenu annuel de 538 fr., 65 c.

On demande combien il revient par année à chaque acquéreur, sachant que le premier a déboursé pour l'acquisition 7.345 fr., et que le second n'a déboursé que 3.428 fr. ?

$$\frac{538{,}65 \times 7.345}{10.773} = 367 \text{ fr., } 25 \text{ c., part du } 1^{er}.$$

$$538{,}65 - 367{,}25 = 171 \text{ fr., } 40 \text{ c., part du } 2^{me}.$$

IV.

Dans une ville importante, il y a quatre écoles communales ; la première est fréquentée par 125 élèves ; la deuxième, par 95 ; la troisième, par 70 ; et la quatrième, par 47. Chaque année, le conseil municipal alloue une somme de 252 fr., 75 c. pour frais de distribution de prix, et veut que cette somme soit répartie entre les quatre écoles proportionnellement au nombre d'élèves que possède chaque établissement.

On demande quelle doit être la part annuelle de chaque école ?

$$125 + 95 + 70 + 47 = 337 \text{ élèves en tout.}$$

$$\frac{252,75 \times 125}{337} = 93 \text{ fr., } 75 \text{ c., part de la } 1^{re}.$$

$$\frac{252,75 \times 95}{337} = 71 \text{ fr., } 25 \text{ c., part de la } 2^{me}.$$

$$\frac{252,75 \times 70}{337} = 52 \text{ fr., } 50 \text{ c., part de la } 3^{me}.$$

$$\frac{252,75 \times 47}{337} = 35 \text{ fr., } 25 \text{ c., part de la } 4^{me}.$$

V.

Un commerçant ayant mal réussi dans ses entreprises, se trouve *réduit* à abandonner ce qu'il possède encore à ses créanciers, qui sont au nombre de cinq. Il doit au premier 18.460 fr.; au second, 9.685 fr.; au troisième, 26.540 fr.; au quatrième, 30.000 fr.; au cinquième, 15,700 fr., et son avoir ne s'élève qu'à 75.288 fr., 75 c. On demande combien chacun doit avoir en proportion de sa créance, et combien ils perdent chacun p. 0/0?

$$18.460 + 9.685 + 26.540 + 30.000 + 15.700 = 100.385 \text{ fr., total de la dette.}$$

$$\frac{75.288,75 \times 18.460}{100.385} = 13.845 \text{ fr., ce qui re-}$$

vient au premier,

$$\frac{75.288,75 \times 9.685}{100.385} = 7.263 \text{ fr., } 75 \text{ c., part}$$

du deuxième.

$$\frac{75.288,75 \times 26.540}{100.385} = 19.905 \text{ fr., ce qui re-}$$

vient au troisième.

$$\frac{75.288,75 \times 30.000}{100.385} = 22.500 \text{ fr., ce qui re-}$$

vient au quatrième.

$$\frac{75.288,75 \times 15.700}{100.385} = 11.775 \text{ fr., ce qui re-}$$

vient au cinquième.

Dette totale 100.385 — l'avoir 75.288,75 = 25.096 fr., 25 c., perte totale pour les créanciers.

$$\frac{25.096,25 \times 100}{100.385} = 25 \text{ pour } 0/0, \text{ perte de}$$

chaque créancier.

VI.

Quatre ouvriers ont entrepris des travaux pour 323 fr., 85 c. Le premier y a travaillé pendant 25 jours; le deuxième, pendant 47 jours; le troisième, pendant 56 jours, et le quatrième, pendant 19 jours.

On demande combien il revient à chaque ouvrier,

proportionnellement au temps pendant lequel il a travaillé ?

$25 + 47 + 36 + 19 = 127$ journées en tout.

$\frac{323,85 \times 25}{127} =$ 63 fr., 75 c., part du premier.

$\frac{323,85 \times 47}{127} =$ 119 fr., 85 c., part du deuxième.

$\frac{323,85 \times 36}{127} =$ 91 fr., 80 c., part du troisième.

$\frac{323,85 \times 19}{127} =$ 48 fr., 45 c., part du quatrième.

VII.

Trois compagnies d'ouvriers ont fait un mur de 113.295 mètres cubes autour d'une ville. La première compagnie en a fait 25.348 mètres cubes; la deuxième, 46.789 mètres, et la troisième, 41.158 mètres. Ils ont reçu, pour le tout, 487.168 fr., 50 c..

On demande combien il revient à chaque compagnie à proportion de son travail ?

$\frac{487.168,50 \times 25.348}{113.295} =$ 108.996 fr., 40 c., part de la première compagnie.

$\frac{487.168,50 \times 46.789}{113.295} =$ 201.192 fr., 70 c., part de la deuxième compagnie.

$$\frac{487.168{,}50 \times 41.158}{113.295} = 176.979 \text{ fr., } 40 \text{ c., part}$$

de la troisième compagnie.

VIII.

Trois compagnies d'ouvriers ont fait un mur de 113.295 mètres cubes pour lequel elles ont reçu 487.168 *fr.*, 50 c., savoir : La première compagnie, 108.996 fr., 40 c.; la deuxième compagnie, 201.192 fr., 70 c., et la troisième compagnie, 176.979 fr., 40 c.

On demande combien chaque compagnie a fait de mètres cubes ?

$$\frac{113.295 \times 108.996{,}40}{487.168{,}50} = 25.348 \text{ mètres cubes,}$$

ouvrage de la première compagnie.

$$\frac{113.295 \times 201.192{,}70}{487.168{,}50} = 46.789 \text{ mètres cubes,}$$

ouvrage de la deuxième compagnie.

$$\frac{113.295 \times 176.979{,}40}{487.168{,}50} = 41.158 \text{ mètres cubes,}$$

ouvrage de la troisième compagnie.

IX.

Trois villages ont été imposés par un général, à

fournir 104 hectolitres, 71 litres de froment, et ils doivent contribuer à cette taxe, chacun en proportion du nombre de ses habitans; dans le premier, il y en a 385; dans le deuxième, 270, et dans le troisième, 760.

On demande combien chaque village devra fournir?

$385 + 270 + 760 = 1.415$ habitans en tout.

$$\frac{104,71 \times 385}{1.415} = 28 \text{ hectolitres, } 49 \text{ litres, que}$$

devra donner le premier village.

$$\frac{104,71 \times 270}{1.415} = 19 \text{ hectolitres, } 98 \text{ litres, que}$$

devra donner le deuxième village.

$$\frac{104,71 \times 760}{1.415} = 56 \text{ hectolitres, } 24 \text{ litres, que}$$

devra donner le troisième village.

X.

Quatre personnes se sont associées pour cinq ans. La première a mis 12.647 fr., dans la caisse commune; la deuxième, 5.953 fr.; la troisième, 10.055 fr., et la quatrième, 8.465 fr. A la dissolution de la société, le bénéfice s'élevait à 27.840 francs.

On demande qu'elle a été la part proportionnelle de chaque personne?

$12.647 + 5.953 + 10.055 + 8.465 = 37.120$ fr., mise totale.

$\frac{27.840 \times 12.647}{37.120} = 9.485$ fr., 25 c., part de la première personne.

$\frac{27.840 \times 5.953}{37.120} = 4.464$ fr., 75 c., part de la deuxième personne.

$\frac{27.840 \times 10.055}{37.120} = 7.541$ fr., 25 c., part de la troisième personne.

$\frac{27.840 \times 8.465}{37.120} = 6.348$ fr., 75 c., part de la quatrième personne.

XI.

Les mises totales de quatre associés sont 37.120 francs, et le bénéfice résultant de leur société s'élève à 27.840 francs.

On demande quelle a été la mise de chaque associé, sachant que *le premier* a eu pour sa part du gain, 9.485 fr., 25 c.; le deuxième, 4.464 fr., 75 c.; le troisième, 7.541 fr., 25 c., et le quatrième, 6.348 fr., 75 c.

Réponse : Le premier avait mis... 12.647 fr.
Le deuxième......... 5.953
Le troisième......... 10.055
Le quatrième......... 8.465

XII.

Trois marchands ont mis en commun 8.120 fr.; ils ont eu un bénéfice de 3.978 fr., 80 c., qu'ils se sont partagés de manière que le premier a eu relativement à sa mise, 1.372 fr., et le second, 1.773 fr., 80 centimes.

On demande à connaître le bénéfice du troisième et la mise de chacun?

1.372 + 1.773 fr., 80 = 3.145 fr., 80 c., bénéfice des deux premiers.

3.978,80 — 3.145,80 = 833 fr., bénéfice du troisième.

$$\frac{8.120 \times 1.372}{3.978,80} = 2.800 \text{ fr., mise du premier.}$$

$$\frac{8.120 \times 1.773,80}{3.978,80} = 3.620 \text{ f., mise du deuxième.}$$

$$\frac{8.120 \times 833}{3.978,80} = 1.700 \text{ fr., mise du troisième.}$$

XIII.

Deux marchands qui avaient mis 3.600 francs

en société, ont gagné 2.464 fr., 20 c.; le gain du premier surpasse celui du second de 867 francs.

On demande quelle est la mise et le gain de chaque marchand?

2.464,20 — 867 fr. = 1.597 fr., 20 c., à partager par égale portion.

1.597,20 : 2 = 798 fr., 60 c. + les 867 fr. = 1.665 fr., 60 c., gain du premier.

Le gain du deuxième = 798 fr., 60 c.

$$\frac{1.665,60 \times 3.600}{2.464,20} = 2.433 \text{ fr., } 30 \text{ c. } + 22.140$$

de reste, mise du premier.

$$\frac{798,60 \times 3.600}{2.464,20} = 1.166 \text{ fr., } 69 \text{ c. } + 2.502$$

de reste, mise du deuxième.

XIV.

Deux personnes ont mis en société 2.400 fr. qui leur ont rapporté 450 fr. de bénéfice; le premier a retiré, mise et bénéfice, 1.710 francs.

On demande quelle est la mise de chacune et quel est le bénéfice de la seconde?

2.400 + 450 = 2.850 *fr., mises et bénéfice.*

$$\frac{2.400 \times 1.710}{2.850} = 1.440 \text{ fr., mise nette de la première.}$$

9.

1.710 — 1.440 = 270 fr., gain net.

2.850 — 1.710 = 1.140 fr., mise et bénéfice de la seconde personne.

450 — 270 = 180 fr., gain net de la seconde personne.

1.140 — 180 = 960 fr., mise de la seconde.

XV.

Deux associés ont mis dans le commerce 57.160 francs; le premier a versé 15.750 fr. de plus que le second; au bout d'un certain temps, ils se retirent avec un bénéfice égal à la moitié de leur mise.

Combien reviendra-t-il à chacun, mise et bénéfice ?

57.160 — 15.750 = 41.410 fr. : 2 = 20.705 fr., mise du second.

20.705 + 15.750 = 36.455 fr., mise du premier.

57.160 : 2 = 28.580 fr., bénéfice total.

57.160 + 28.580 = 85.740 fr., total des mises et du bénéfice.

$$\frac{85.740 \times 36.455}{57.160} = 54.682 \text{ fr., } 50 \text{ c., mise et bénéfice du premier.}$$

85.740 — 54.682,50 = 31.057 fr., 50 c., mise et bénéfice du second.

XVI.

Trois marchands ont acheté en commun des marchandises sur lesquelles ils ont gagné 16.864 francs; le premier a fourni pour cet achat, 24.780 francs, 08 cent., et le deuxième, 9.781 fr., 12 c.

On demande combien le troisième a dû fournir, sachant qu'il a eu pour sa part du gain 5.396 fr., 48 c., et quel a été le bénéfice de chacun des deux autres ?

Bénéfice total : 16.864 — 5.396 fr., 48 c., gain du troisième = 11.467 fr., 52 c., bénéfice des deux premiers.

24.780 fr., 08 c. + 9.781 fr., 12 c. = 34.561 fr., 20 c., mise des deux premiers.

$$\frac{34.561,20 \times 5.396,48}{11.467,52} = 16.264 \text{ fr., } 10 \text{ cent.,}$$

mise du troisième.

$$\frac{11.467,52 \times 24.780,08}{34.561,20} = 8.222 \text{ fr., } 11 \text{ cent.}$$

+ 748.696 de reste, gain du premier.

$$\frac{11.467,52 \times 9.781,12}{34.561,20} = 3.245 \text{ francs, } 40 \text{ cent.}$$

+ 2.707.424 de reste, gain du troisième.

XVII.

Trois marchands ont fait un fonds de 37.800 fr.

qui leur a rapporté un bénéfice de 1.880 fr. ; ils se sont partagé cette somme en proportion de leur mise, et de manière que le deuxième a eu autant que le premier + 66 fr., et que le troisième a eu autant que les deux premiers ensemble.

On demande combien ils avaient mis chacun, et combien ils ont gagné?

Le deuxième, avant partage, 66 fr., et le troisième autant = 66 + 66 = 132 fr., somme à prélever sur le gain total avant partage = 1.880 — 132 = 1.748 fr. à partager proportionnellement.

Supposons 1 pour le premier.	1
Le deuxième prendra aussi .... sur la somme à partager.	1
Le troisième autant que les deux premiers.	2
TOTAL.	4

Partageons la somme dont il s'agit en quatre portions égales; l'une sera la part du premier; une autre celle du second, et les deux autres, celle du troisième.

1.748 : 4 = 437 francs.

Donc, le premier aura.............	437 fr.
Le deuxième : 437 fr. + 66 =.......	503
Le troisième : 437 fr. + 503 =......	940
	1.880 fr.

Maintenant, cherchons les mises par les proportions :

$$\frac{37.800 \times 437}{1.880} = 8.786 \text{ fr., } 48 \text{ c.} + 176 \text{ de}$$

reste, mise du premier.

$$\frac{37.800 \times 503}{1.880} = 10.113 \text{ fr., } 51 \text{ c.} + 12 \text{ de}$$

reste, mise du deuxième.

$$\frac{37.800 \times 940}{1.880} = 18.900 \text{ fr., mise du troisième.}$$

XVIII.

Trois négociants ont fait une entreprise commerciale pour laquelle le premier a mis une somme égale à celle des deux autres, et le second une somme double à celle du troisième. Ils ont perdu 16.488 fr. Cette perte ayant été répartie entre chaque associé, en proportion de sa mise, on demande combien ils ont perdu chacun ?

Supposons que le troisième ait mis	1
Le second; *le double* = ...	2
Le premier, 1 + 2 = ...	3
TOTAL............	6

représentant les mises des trois associés.

16.488 : 6 = ... 2.748 fr., perte du 3e.
2.748 × 2 = ... 5.496 fr., perte du 2e.
2.748 + 5.496 = ... 8.244 fr., perte du 1er.

16.488 f., perte totale.

XIX.

Quatre personnes se sont associées pour faire *une entreprise*, et elles ont mis pour surveiller les opérations, un commis qui a dû avoir 4 fr., 75 c. pour 0/0 sur le gain total qu'elles ont fait.

L'association, pendant laquelle elles ont gagné régulièrement 1.940 fr. par mois, a duré 3 ans, 5 *mois*.

On demande combien *elles ont dû retirer* chacune en se séparant, sachant que la première avait fourni 43.000 fr.; la deuxième 27.000 fr.; la troisième, 36.000 fr.; la quatrième, 25.000 fr., et qu'enfin le commis avait aussi fourni 15.000 fr., *dont il doit retirer un profit proportionné* à cette mise?

1.940 fr. × 41 mois = 79.540 fr., bénéfice total.

$$\frac{79.540 \times 4{,}75}{100} = 3.778 \text{ fr., } 15 \text{ c., prime du commis.}$$

79.540 fr. — 3.778 fr., 15 c. = 75.761 fr., 85 c., somme à partager proportionnellement aux mises.

45.000 + 27.000 + 36.000 + 25.000 + 15.000
= 146.000 fr., mise totale.

$$\frac{75.761,85 \times 45.000}{146.000} = 22.313 \text{ fr., } 42 \text{ cent. } +$$

2.300 de reste, gain du premier.

$$\frac{75.761,85 \times 27.000}{146.000} = 14.010 \text{ fr., } 75 \text{ cent. } +$$

4.500 de reste, gain du deuxième.

$$\frac{75.761,85 \times 36.000}{146.000} = 18.681 \text{ fr. } + 6.000 \text{ de}$$

reste, gain du *troisième.*

$$\frac{75.761,85 \times 25.000}{146.000} = 12.972 \text{ fr., } 91 \text{ cent. } +$$

13.900 de reste, gain du quatrième.

$$\frac{75.761,85 \times 15.000}{146.000} = 7.783 \text{ fr., } 75 \text{ cent. } +$$

2.500 de reste, gain du commis.

Le commis a donc eu en tout 3.778 fr. 15 c. + 7.783 fr., 75 c. = 11.561 fr. 90 c.

XX.

Trois marchands ont fait société : le premier a mis 275 fr. pour 14 mois; le deuxième, 215 fr. pour 10 mois; et le troisième, 195 fr. pour 8 mois; ils ont gagné 985 fr., on demande combien chacun d'eux doit recevoir du bénéfice à proportion de sa mise, et du temps qu'il a laissé son argent dans la société.

275 × 14 mois = 3.850 fr. pendant un mois, mise du premier.

215 × 10 mois = 2.150 fr. pendant un mois, mise du deuxième.

195 × 8 mois = 1.560 fr., pendant un mois, mise du *troisième*.

7.560 fr., mise totale pendant un mois.

$\frac{985 \times 3.850}{7.560}$ = 501 francs, 62 centimes + 280 de reste, gain du premier.

$\frac{985 \times 2.150}{7.560}$ = 280 francs, 12 centimes + 4.280 de reste, gain du deuxième.

$\frac{985 \times 1.560}{7.560}$ = 203 francs, 25 centimes + 3.000 de reste, gain du troisième.

XXI.

Trois marchands ont mis en société, savoir : le premier 4.800 fr., pendant un an ; le second, 7.000 fr., pendant un an, 5 mois, et le troisième, 2.645 fr., pendant 2 ans, 8 mois; ils ont gagné 7.837 fr., 20 c. qu'il s'agit de partager entr'eux, en raison des mises et du temps que les fonds sont restés en société.

Combien revient-il à chaque marchand?

Réponse : Le premier aura.... 1.728 fr.
Le deuxième........ 3.570
Le troisième........ 2.539, 20 c.

XXII.

Trois négociants se sont associés pour deux ans, au bout desquels ils ont eu 36.000 fr. de bénéfice.

Le premier a mis 6.000 fr., et au bout d'un an, il a encore mis dans la caisse commune 2,000 fr.; le deuxième a mis 4.000 fr., et au bout de 8 mois, il a encore mis 4.000 fr.; le troisième a mis 4.000 fr., et au bout de 16 mois, il a retiré 2.000 fr.

On demande combien il revient à chaque négociant, à proportion de sa mise et du temps qu'elle est restée dans la société?

Mise du premier : 6.000 fr. × 24 mois = 144.000 fr. + 2.000 × 12 mois = 24.000 fr. = 168.000 fr., *mise totale du premier.*

Mise du deuxième : 4.000 fr. × 24 mois = 96.000 fr. + 4.000 fr. × 16 mois = 64.000 fr. = 160.000 fr., mise totale du deuxième, pendant un mois.

Mise du troisième : 4.000 fr. × 16 mois = 64.000 fr. + 2.000 fr. × 8 mois = 16.000 fr., = 80.000 fr., mise totale du troisième pendant un mois.

168.000 + 160.000 + 80.000 = 408.000 fr., mise totale des trois négociants pendant un mois.

$$\frac{168.000 \times 36.000}{408.000} = 14.823 \text{ fr., } 52 \text{ c. } + 384$$

de reste, bénéfice du premier.

$$\frac{160.000 \times 36.000}{408.000} = 14.117 \text{ fr., } 64 \text{ c. } + 288$$

de reste, bénéfice du deuxième.

$$\frac{80.000 \times 36.000}{408.000} = 7.058 \text{ fr., } 82 \text{ c. } + 144$$

de reste, bénéfice du troisième.

XXII *bis*.

Deux marchands ont fait société pour 18 mois ; le premier a mis, au commencement de l'association 13.000 fr., puis au bout de 7 mois, il a encore mis 5.000 fr. Le deuxième a mis 15.000 fr., et au bout de 10 mois, il a encore mis 8.000 fr. Le gain qu'ils ont fait a été de 10.902 francs, 50 centimes.

On demande quelle a été la part de chacun.

proportionnellement à sa mise et au temps pendant lequel ses fonds sont restés dans la société?

Le premier a mis 13.000 francs × 18 mois = 234.000 + 5.000 × 11 mois = 55.000 francs = 289.000 fr. pendant un mois.

Le second a mis 15.000 × 18 mois = 270.000 fr. + 8.000 × 8 mois = 64.000 fr. = 334.000 pendant un mois.

289.000 fr. + 334.000 = 623.000 fr., mise des deux actionnaires pendant un mois.

$$\frac{10.902,50 \times 289.000}{623.000} = 5.057 \text{ fr., } 50 \text{ c.}$$ bénéfice du premier marchand.

$$\frac{10.902,50 \times 334.000}{623.000} = 5.845 \text{ fr.}$$ bénéfice du deuxième marchand.

XXIII.

Deux maîtres menuisiers ont entrepris un ouvrage sur lequel ils ont gagné 1.547 fr. Le premier a mis à cet ouvrage 15 ouvriers qui ont travaillé 22 jours; l'autre, en a mis 18, qui ont travaillé 35 jours.

On demande combien chaque entrepreneur doit recevoir du bénéfice à proportion du nombre d'ouvriers qu'il a fournis, et du temps pendant lequel ils ont travaillé?

22 jours × 15 ouvriers = 330 journées dues au premier.

35 jours × 35 ouvriers = 630 journées dues au second.

En *tout* 960 journées.

$$\frac{1.547 \times 330}{960}$$ = 531 fr., 78 centimes, 125 millièmes de centime, part du premier.

$$\frac{1.547 \times 630}{960}$$ = *1.015 fr.*, 21 centimes, 875 millièmes de centimes, part du deuxième.

XXIV.

Deux maîtres paveurs ont entrepris un ouvrage sur lequel ils ont gagné 480 francs. Le premier a mis 12 ouvriers qui ont travaillé 12 jours ; le deuxième en a mis 18, qui ont travaillé 29 jours.

On demande combien il revient à chaque entrepreneur, à proportion du nombre d'ouvriers qu'il a fournis et du nombre de jours pendant lesquels ils ont travaillé.

12 jours × 12 *ouvriers* = 144 journées dues au premier entrepreneur.

29 jours × 18 ouvriers = 522 journées dues au deuxième entrepreneur.

En tout 666 *journées*.

$$\frac{480 \times 144}{666} = 103 \text{ francs, } 78 \text{ centimes, part}$$

du premier entrepreneur.

$$\frac{480 \times 522}{666} = 376 \text{ francs, } 21 \text{ centimes, part}$$

du deuxième entrepreneur.

Les restes : 1 centime.

XXV.

Quel est le nombre dont le 1/8, le 1/12 et les 5/6 font ensemble 89 ?

Nombre supposé 96, dont le 1/8 est 12, le 1/12, 8, et les 5/6, 80, ce qui fait en tout 100.

100 : 96 : : 89 : x = 85 entiers, 44 centièmes, nombre demandé.

En effet, le 1/8 de 85,44 = 10,68; le 1/12 = 7,12, et les 5/6   71,20; *total* 89.

XXVI.

Trois marchands ont fait société pour 15 mois *et ont gagné 2.103 francs, 50 centimes*. On demande combien il revient à chacun, en raison de sa mise et du temps qu'il a laissé son argent dans la société?

Le premier a mis 800 *fr.*, *dont il a retiré* 200 fr. au bout de 8 mois; le deuxième a mis 1.500 fr., dont il a retiré 400 fr. au bout 6 mois; le troisième a mis *1.800*, et au bout de 6 mois, *il a* encore mis 400 fr.

Mise du premier : 800 × 8 mois = 6.400 fr. + 600 × 7 mois = 4.200 fr. = 10.600 francs pendant un mois.

Mise du deuxième 1.500 × 6 mois = 9.000 fr. + *1.100 × 9 mois = 9.900 fr.* = 18.900 pendant un mois.

Mise du troisième : 1.800 × 6 mois = 10.800 fr. + 2.200 × 9 mois = 19.800 fr. = 30.600 francs pendant un mois.

10.600 + 18.900 + 30.600 = 60.100 fr. pendant un mois, mise totale.

$$\frac{2.103{,}50 \times 10.600}{60.100} = 371 \text{ fr., part du premier.}$$

$$\frac{2.103{,}50 \times 18.900}{60.100} = 661 \text{ fr., } 50 \text{ c., part du deuxième.}$$

$$\frac{2.103{,}50 \times 30.600}{60.100} = 1.071 \text{ fr., part du troisième.}$$

MÉLANGES ET ALLIAGES.

I.

Un débitant veut mêler ensemble 45 litres de vin à 0 fr., 35 c. le litre; 75 litres d'un autre vin à 0 fr., 65 c. le litre, et 87 litres à 0 fr., 45 c. le litre. On demande quel sera le prix moyen ou le prix auquel reviendra le litre après le mélange?

45 litres × 0,35 = 15 fr., 75 c.
75 litres × 0,65 = 48 fr., 75 c.
87 litres × 0,45 = 39 fr., 15 c.

TOTAL. 207 litres. TOTAL. 103 fr., 65 c.

103,65 : 207 = 0 fr., 50 c., 07 centièmes de centime, prix moyen.

II.

Un boulanger a acheté du froment de quatre qualités, savoir : 27 hectolitres, 6 décalitres à 17 fr., 50 c. l'hectolitre; 9 hectolitres, 5 décalitres à

18 francs l'hectolitre; 28 hectolitres à 15 francs l'hectolitre, et 12 hectolitres, 2 décalitres à 17 fr. l'hectolitre.

A combien lui revient le décalitre, prix moyen?

17 fr., 50 c.	× 27 hect.,	6 décal.	= 483 fr.
18	× 9	5	= 171
15	× 28	0	= 420
17	× 12	2	= 207 fr., 40 c.
Total....	77 hect.,	3 d.	Tot. 1.281 fr., 40 c.

1.281 fr., 40 c. : 773 décal. = 1 fr., 65 c., 77 centièmes de centime, ou 1 fr., 66 centimes, prix moyen du décalitre.

III.

Un orfèvre a formé un alliage avec 5 kilogr. d'un métal qui lui coûte 170 fr. le kilogr., et 15 kilogr. d'un autre métal qui lui coûte 135 fr. le kilogramme.

A combien lui revient le kilogramme d'alliage?

170 × 5 = 850 fr.
135 × 15 = 2.025

Total.... 20 k. 2.875 fr.

2.875 : 20 = 143 fr., 75 c., prix moyen du kilogr. d'alliage.

IV.

On a vendu sur un marché 250 hectolitres de froment de différentes qualités, aux prix suivants : 125 hectolitres à 22 fr., 50 c.; 75 hectolitres à 18 fr.; 47 hectolitres à 19 fr., et 3 hectolitres à 25 francs l'hectolitre.

On demande le prix moyen de l'hectolitre pour établir les mercuriales?

125 *hectolitres*	× *22 fr., 50 c.*	= 2.812 fr., 50 c.
75	× 18	= 1.350
47	× 19	= 893
3	× 25	= 75
250 hectolitres.	TOTAL.....	5.130 fr., 50 c.

5.130,50 : 250 = 20 fr., 522 millimes, prix moyen de l'hectolitre.

V.

On voudrait connaître le revenu annuel d'une vigne, terme moyen, en calculant les dépenses qu'elle a nécessitées et les revenus qu'elle a produits chaque année, depuis 10 ans?

1re année : Dépenses.	60 fr.	Revenus.	400 fr.
2me	100		300
3me	70		60
4me	80		320
A REPORTER..	510 fr.		1.080 fr.

Report..	310 fr.	1.080 fr.
5me	75	10
6me	90	»
7me	65	800
8me	85	500
9me	78	40
10me	67	570

Dépense Tot....... 770 fr. Revenu Tot. 3.000 fr.

3.000 fr. — 770 fr. = 2.230 fr., revenu net au bout des 10 ans.

2.230 fr. : 10 = 223 fr., revenu annuel, terme moyen.

VI.

Un marchand a acheté 30 pièces de toile, contenant chacune 20 mètres, à raison de 3 fr., 20 c. le mètre, l'une dans l'autre. Il en a revendu 7 pièces à 3 fr., 75 c. le mètre ; 12 pièces à 4 fr., 25 c., et 11 pièces à 4 fr., 50 c.

Combien a-t-il gagné par mètre ?

20m × 7 pièces	= 140m	× 3 fr.,	75 c.	= 525 fr.
20 × 12	= 240	× 4	25	= 1.020
20 × 11	= 220	× 4	50	= 990
	Total... 600 mètr.		Total..	2.535 fr.

2.535 : 600 = 4 fr. 225 le mètre, prix moyen de la vente.

4 fr. 225 — 3 fr., 20 = 1 fr., 025 millimes, bénéfice par mètre.

VII.

Un entrepreneur emploie 4 ouvriers pour faire 219 mètres, 45 centimètres d'une certaine étoffe. Le premier fait 3 mètres, 5 décimètres par jour; le deuxième, 4 mètres; le troisième, 4 mètres, 25 centim.; le quatrième, 4 mètres, 75 centim.

Combien seront-*ils* de jours pour faire la totalité?

3,5 + 4 + 4,25 + 4,75 = 16 mètres, 5 décimètres, ce qu'ils font en un jour.

219,45 : 16,5 = 13 jours, 3 dixièmes.

VIII.

Un épicier a quatre sortes d'épiceries, en différentes quantités et de différents prix; il veut les mêler ensemble pour en composer des épices assorties. Il a 3 *kilogrammes*, 2 *hectogrammes* de girofle à 4 fr. 50 centimes le kilogramme; 1 kil., 4 hect. de canelle à 5 fr., 75 c.; 1 kilog., 5 hect. de muscade à 7 fr., 40 c., et 1 kilog., 8 hectogr. de poivre à 2 fr., 50 c. le kilogramme.

Combien devra-t-il vendre le décagramme pour ne rien perdre?

3 kilog.,	2 hect.	× 4 fr.,	50 c.	= 14 fr.,	40 c.
1	4	× 3	75	= 5	25
1	5	× 7	40	= 11	10
1	8	× 2	50	= 4	50
7 kilog.,	9 hect.		TOTAL....	35 fr.,	25 c.

35,25 : 790 décag. = 44 centimes, 6 dixièmes de *centime, prix du décagramme.*

IX.

Un orfèvre a fait fondre ensemble 70 grammes d'or au titre de 0,90 centièmes, et 30 grammes d'or au titre de 0,80 centièmes; on demande quel est le titre d'alliage qui en résulte?

70 grammes × 0,90 = 63 grammes d'or pur.
30 grammes × 0,80 = 24 grammes d'or pur.

100 TOTAL...... 87 grammes.

87 : 100 = 0,87 centièmes, titre de l'alliage.

X.

Dans quelle proportion doit-on combiner de l'or à 0,90 de fin, avec de l'or à 0,80, pour composer un alliage au titre de 0,87?

$$0{,}87 \begin{cases} 0{,}80 = 3 \text{ grammes.} \\ 0{,}90 = 7 \text{ grammes.} \end{cases}$$

La différence de 0,80 à 0,87 est 7 que je pose vis-à-vis 0,90; ce qui m'indique qu'il en faudra prendre 7 grammes au titre 0,90.

La différence de 0,87 à 0,90 est 3 que je pose vis-à-vis 0,80, ce qui m'indique qu'il en faudra prendre trois grammes au titre 0,80.

Nous ne nous occupons point de théorie dans ce volume, seulement, nous pouvons dire ici que si l'on voulait composer un lingot plus considérable et conserver le même titre d'alliage, il faudrait ajouter à chaque *qualité* une quantité *proportionnelle*. *Par exemple*, si l'on voulait que le lingot dont il s'agit pesât 16 grammes de plus, ce qui ferait 26 grammes en tout, on *établirait les* proportions suivantes : 10 : 26 : : 3 : x = 7 gr., 8 décigr. au titre 0,80, qu'il faudrait fondre avec : *10 : 26 : : 7 : x = 18 grammes, 2 décigr.* au titre 0,90.

XI.

Un débitant a 100 litres de vin à 48 centimes *le litre, qu'il veut mêler avec de l'autre* d'une qualité inférieure, et qu'il vend 41 centimes. Il veut que son mélange puisse être vendu 45 centimes, sans y rien perdre.

Combien devra-t-il ajouter de litres de celui à 41 centimes?

$$45 \begin{cases} 48 = 4 \\ 41 = 3 \end{cases}$$

Si à 4, il faut ajouter 3 pour obtenir le mélange voulu, à 100 il faudra ajouter x.

4 : 100 : : 3 : x = 75 litres qu'il faudra ajouter.

XII.

Dans quelle proportion faudrait-il mélanger du vin à 42 centimes le litre, avec de l'autre à 34 centimes, et du vin d'une troisième qualité à 30 *centimes le litre*, pour en faire un mélange que l'on puisse vendre 36 *centimes le litre?*

$$36 \begin{cases} 42 = 2 + 6 = 8 \text{ litres à } 42 \text{ c.} \\ 34 = 6 \text{ litres à } 34 \text{ centimes.} \\ 30 = 6 \text{ litres à } 30 \text{ centimes.} \end{cases}$$

On aura 20 litres que l'on pourra vendre 36 centimes.

XIII.

Un marchand a de deux espèces de thé; la première *lui revient* à 14 *fr. le kilogramme*, et l'autre à 18 fr.; on demande dans quelle proportion il devra le mélanger pour en faire 100 kilogrammes qui lui reviennent à 15 fr. le kilogr.?

$$15 \text{ fr.} \left\{ \begin{array}{l} 14 = 3 \text{ kilogrammes.} \\ 18 = 1 \text{ kilogramme.} \end{array} \right.$$

TOTAL.... 4 kilogrammes.

Si pour 4 kilogrammes, il en faut 3 à 14 fr., pour 100 kilogrammes, il en faudra $x = 75$ kilogrammes.

Puis, si pour 4 kilogrammes, il en faut 1 à 18 francs; pour 100 kilogrammes, il en faudra $x =$ 25 kilogrammes.

XIV.

Un *détaillant* a de l'eau-de-vie qu'il vend 2 fr., 40 centimes le litre, et de l'autre d'une qualité inférieure qu'il ne vend que 1 fr. le litre; il désire en faire une pipe de 420 litres avec ces deux qualités, qu'il puisse vendre 1 fr., 25 c. le litre sans y *rien perdre*.

Dans quelle proportion doit-il les mélanger?

$$1 \text{ fr., } 25 \left\{ \begin{array}{l} 2 \text{ fr., } 40 = 25 \text{ litres.} \\ 1 \text{ fr., } \text{»} = 115 \text{ litres.} \end{array} \right.$$

TOTAL........ 140 lit. mélangés.

Ou :

$$1 \text{ fr., } 25 \left\{ \begin{array}{l} 2 \text{ fr., } 40 = 0 \text{ lit., } 25 \text{ centil.} \\ 1 \text{ fr., } \text{»} = 1 \text{ lit., } 25 \text{ centil.} \end{array} \right.$$

Si pour 140 litres de mélange, il entre 25 litres

à 2 fr., 40 c., pour 420 litres, il entrera $x =$ 75 litres.

Si sur 140 litres de mélange, il entre 115 litres à 1 fr., sur 420 litres, il entrera $x = 345$ litres.

PROBLÈMES

RELATIFS AUX CARRÉS (SURFACES).

I.

Quelqu'un veut faire poser un parquet dans une chambre qui a 8 mètres, 5 décimètres de longueur, et 7 mètres, 6 décimètres de largeur.

Le prix du mètre carré étant de 9 fr., 95 c., on demande combien coûtera le parquet?

8,5 × 7,6 = 64 *mètres*, 60 décimètres carrés, que contiendra le parquet.

9 fr., 95 c. × 64,60 = 642 francs, 77 centimes, prix du parquet.

II.

Combien faudrait-il d'ardoises dont le pureau aurait 0,35 centimètres de longueur, et 0,2 décimètres de largeur, pour couvrir un toit de 12 mètres, 8 décimètres de longueur, et de 9 mètres, 5 décimètres de largeur?

12,8 × 9,5 = 121 mètres, 60 décimètres carrés à couvrir en tout.

0,35 × 0,2 = 0,07 décimètres carrés, ce que couvrira une ardoise.

121,60 : 0,007 = 1.794 ardoises, 28 centièmes.

III.

Le pourtour d'une salle est de 36 mètres, 5 décimètres, et la hauteur des murs est de 3 mètres, 4 décimètres.

On demande combien on paierait pour la tenture de cette salle, si le mètre *carré coûtait 3 fr.*, 75 cent.?

36,5 × 3,4 = 124 mètres, 10 décimètres carrés.

3,75 × 124,10 = 465 fr., 37 c., 5 dixièm., réponse.

IV.

Une chambre a 55 mètres, 86 décimètres carrés de superficie; la largeur est de 5 mètres, 7 décim.; quelle en *est la longueur?*

55,86 : 5,70 = 9 mèt., 8 décimèt., longueur de la chambre.

V.

Combien faudrait-il de carreaux de 0 mètre, 3 décimèt. de côté pour carreler une cuisine dont la longueur est de 9 mèt., 9 décimèt. et la largeur de 6 mèt., 1 décimèt.?

9,9 × 6,1 = 60 mèt., 39 décimèt. carrés, superficie de la chambre..

0,3 × 0,3 = 0,09 décimèt. carrés, surface d'un carreau.

60,39 : 0,09 = 671 carreaux qu'il faudra pour carreler la cuisine.

VI.

Quelqu'un veut faire peindre un appartement, dont la longueur est de 7 mèt., 6 décimèt., la largeur de 6 mèt., 5 décimèt., et la hauteur de 4 mèt.

Le peintre demande pour fournir et poser la couleur, 3 fr., 25 c. par mèt. carré; on demande combien on dépensera pour le tout?

1er côté, 7m,6 + 2me côté, 7m,6 + un bout 6,5 + l'autre bout 6,5 = 28 mèt., 2 décimèt. pourtour de l'appartement.

28,2 × 4m = 112 mèt., 80 décimèt. carrés.

3,25 × 112,8 = 366 fr., 60 cent., dépense totale.

VII.

On demande combien il faudrait de briques de 0,15 centimèt. de longueur sur 0,08 centimèt. de largeur, pour une cuisine qui a 6 mèt. de longueur et 5 mèt., 5 décimèt. de largeur?

5,5 × 6^{m} = 33 mèt. carrés, superficie de la cuisine.
0,15 × 0,08 = 0,0.120, surface d'une brique.
33,000 : 0,012 = 2.750 briques pour la cuisine.

VIII.

Quelqu'un désire faire planchéier un appartement qui a 9 mèt., 4 décimèt. de longueur et 7 mèt., 5 *décimèt. de* largeur. Les planches toutes préparées ont 2 mèt., *05 centimèt. de* longueur et 0 mèt., 25 centimèt. de largeur; on demande combien il en faudra pour le plancher dont il s'agit?

9^{m},4 × 7^{m},5 = 70 mèt., 50 décimèt. carrés, surface de l'appartement.
2,05 × 0,25 = *51 décimèt., 25 centimèt. carrés*, surface d'une planche.
70,50 : 0,51.25 = 137 planches, 56 centièmes.

IX.

Un menuisier est convenu avec un propriétaire de faire et poser un lambris de 27 mèt., 6 décimèt. de long sur 1 mèt., 95 centimèt. de hauteur, à raison de 5 fr., 26 c. le mèt. carré; combien devra-t-il recevoir?

27,6 × 1,95 = 53 mèt., 82 décimèt. carrés.
5,26 × 53,82 = 283 fr., 09 c., 32 centièmes de cent., somme due au menuisier.

X.

Une salle a 7 mèt., 6 décimèt. de large, à l'entrée, 5 mèt., 8 décimèt. au fond, et 8 mèt., 9 décimètres de longueur.

On veut y faire poser un parquet à raison de 15 fr., 25 c. le mèt. carré; combien ce parquet coûtera-t-il?

7,6 + 5,8 = 13,4 : 2 = 6,7 largeur moyenne.
8,9 × 6,7 = 59 mèt., 63 décimèt. carrés.
15,25 × 59,63 = 909 fr., 35 c., 75 centièmes de cent., prix du parquet.

XI.

La longueur d'un toit est de 7 mèt., 8 décimèt. en haut, de 12 mèt., 4 décimèt. en bas; et la hauteur 5 mèt., 6 décimèt. On demande 7 fr., 25 cent. par mèt. carré pour le couvrir en zinc. Combien coûtera cette couverture?

7,8 + 12,4 = 20^{m},2 : 2 = 10 mèt., 1 décimèt., longueur moyenne,

$10^{m},1 \times 5,6 = 56$ mèt., 56 décimèt. carrés, couverture.

$7,25 \times 56,56 = 410$ fr., 06 c. prix de la couverture.

XII.

Combien faudrait-il de tuiles dont le pureau (*la partie restée à découvert*) a de hauteur 0^{m}, *1 décimèt. et de largeur 0,09 centimèt.* pour couvrir une partie de bâtiment qui a *9 mètres, 9 décimèt.* de long, sur 6 mèt., 6 décimèt. de hauteur?

$9,9 \times 6,6 = 65$ mètres., 34 décimèt. carrés à couvrir.

$0,09 \times 0,1 = 0,009$ millièmes de mètre carré, surface du pureau.

65,340 : 0,009 = 7.260 tuiles qu'il faudra.

XIII.

Un bassin a 198 mètres de circonférence; combien sa surface contient-elle de mètres carrés

Il faut d'abord chercher le diamètre du bassin. Pour cela, il faut diviser la circonférence par *3,1.416 rapport du diamètre du cercle à sa circonférence.*

198,0.000 : 3,1.416 = 63 mètres, 025 millimètres; diamètre cherché.

Pour obtenir la surface d'un cercle, il faut multiplier la circonférence de ce cercle par le quart de son diamètre, ou *multiplier le carré du diamètre* par le rapport du carré du diamètre à sa superficie 0,7.854.

Nous allons ici employer les deux méthodes :

Diamètre 63,025 : 4 = 15 mètres, 75,625 cent-millièmes, quart du diamètre.

Circonférence 198^{m} × 15,75.625 = 3.119 mètres, 73 *décimètres*, 75 centimètres carrés, *surface* du bassin.

Autre méthode : 63,025 × 63,025 = 3.972, 150.625 carré du *diamètre*. 3.972,150.625 × 0,7.854 = 3.119 mètres, 72 décimètres, 71 centimètres carrés, surface du bassin.

XIV.

Un maître plafonneur a fait un plafond *circulaire*, à raison *de* 15 *fr.*, 25 *c. le* mètre carré; sachant que le diamètre est de 15 mètres, 5 décimètres; on demande combien il a dû recevoir ?

15,5 × 15,5 = 240,25, carré du diamètre.

240,25 × 0,7854 = 188 mètres, 69 décimètres, 25 centimètres, 50 millimètres carrés, surface du plafond.

188,692.350 × 15 fr., 25 c. = 2.877 fr., 55 c., prix du plafond.

XV.

Quelle est la surface d'un cylindre dont la circonférence est de 1 mètre, 45 centimètres, et la longueur de 17 mètres, 8 décimètres?

1,45 × 17,8 = 25 mètres, 81 décimètres carrés.

XVI.

Un bassin a 14 mètres, 8 décimètres de diamètre;

Combien sa surface contient-elle de mètres carrés?

14,8 × 14,8 = 219,04, carré du diamètre.

Rapport : 0,7.854 × 219,04 = 172 mètres, 03 décimètres, 40 centimètres, 16 millimètres carrés, surface du bassin.

XVII.

Le diamètre d'une sphère est de 2 mètres, 5 décimètres; combien la surface de cette sphère contient-elle de mètres carrés?

On trouve la surface d'une sphère en multipliant la circonférence de cette sphère par son diamètre, ou en multipliant le carré du diamètre par le rapport du carré du diamètre de la sphère à sa superficie : 3,1.416.

Nous allons employer ici ces deux moyens.

Rapport : 3,1.416 × 2,5 = 7 mètres, 854 millimètres, circonférence.

1er PROCÉDÉ : 7.854 × 2,5 = 19 mètres, 63 décimètres, 50 centimètres, surface de la sphère.

2me PROCÉDÉ : 2,5 × 2,5 = 6,25, carré du diamètre.

3,1.416 × 6,25 = 19 mètres, 63 décimètres, 50 centimètres, etc.

XVIII.

Un quadrilatère rectangle a 129 mètres, 3 décimètres de longueur, et 48 mètres, 5 décimètres de largeur. Combien contient-il d'ares et de centiares?

129,3 × 48,5 = 6,271 mètres, 05 décimètres, surface du rectangle.

L'are est un carré parfait de 10 mètres de côté = 100 mètres carrés; il y a donc dans la pièce ci-dessus autant d'ares qu'il y a de fois 100 mètres carrés, c'est-à-dire :

6.271,05 : 100 = 62 ares, 71 centiares.

XIX.

Les côtés parallèles d'un trapèze sont : l'un de 56 mètres, 3 décimètres, l'autre de 48 mètres,

4 décimètres, et la perpendiculaire entre ces deux côtés, est 27 mètres, 5 décimètres.

On demande combien il contient d'ares et centiares?

56,3 + 48,4 = 104,7 : 2 = 52 mètres, 35 centimètres, longueur moyenne.

52,35 × 27,5 = 1.439 mètres, 62 décimètres, 50 centimètres carrés.

1.439,625 : 100 = 14 ares, 39 centiar., 6 dixièmes de centiare.

XX.

Quelle est la surface d'un champ présentant la figure d'un triangle ayant 146 mètres, 7 décimètres de base, sur 65 mètres, 6 décimètres de hauteur?

Base : 146,7 : 2 = 73,35 × 65,6 = 4.811 mètres, 76 décimètres carrés.

4.811,76 : 100 = 48 ares, 12 centiares, surface du triangle.

XXI.

Quelle est la racine carrée de 613.089?

$\sqrt[2]{613.089}$ = 783 fr., racine.

XXII.

On demande la racine carrée de 76.667.536?

$\sqrt[2]{76.667.536}$ = 8.756, racine demandée.

XXIII.

Quelle est la racine carrée de 2.047 mètres, 56 décimètres, 25 centimètres carrés?

$\sqrt[2]{2.047,5.625}$ = 45 mètres, 25 centimètres.

XXIV.

Un carré parfait contient 5.256 mètres, 25 décimètres carrés;

Combien a-t-il de mètres de longueur sur chaque face?

$\sqrt[2]{5.256,25}$ = 72 mètres, 5 décimètres de côté.

XXV.

Quelle est la racine carrée de 0,14 décimètres, 44 centimètres carrés?

$\sqrt[2]{0,14.44}$ = 0^{m},38 centimètres de longueur.

XXVI.

On veut entourer de murs un terrain qui contient 5.760 mètres, 81 décimètres carrés; on demande quelle sera la longueur totale des murs de clôture?

$\sqrt[2]{5.760,81}$ = 75 mètres, 9 décimètres, longueur de chacun des quatre côtés.

75,9 × les 4 côtés = 303 mètres, 6 décimètres, longueur totale.

XXVII.

Un terrain de forme carrée, contenant 34.225 mètres de superficie, est planté d'arbustes à un mètre de distance;

Combien y en a-t-il sur chaque face?

$\sqrt{34.225}$ = 185 arbustes sur chaque côté.

XXVIII.

Une pièce de terre a 136 mètres, 8 décimètres de longueur, et 89 mètres, 6 *décimètres* de largeur; on demande combien elle aurait sur chaque face, si, en conservant la même étendue superficielle, ses dimensions étaient égales entr'elles?

136,8 × 89,6 = 12.257 mètres, 28 décimètres carrés, surface de la pièce.

$\sqrt[2]{12.257,28}$ = 110 mètres, 71 centimètres, ce qu'aurait la pièce sur chaque côté.

XXIX.

Quelqu'un veut faire un verger qui contienne 9.101 mètres, 16 décimètres carrés, et dont le plan soit un carré parfait;

On demande qu'elle sera la longueur de chaque côté?

$\sqrt[2]{9.101,16}$ = 95 mètres, 4 décimètres sur chaque face.

XXX.

Quelqu'un veut faire planter une haie autour d'un terrain qui a de superficie 993.610 mètres, 24 décimètres carrés.

On demande combien les haies de la longueur et celles de la largeur auront de mètres chacune, sachant que la longueur du terrain est à la largeur comme 7 est à 4?

7 × 4 = 28; 993.610,24 : 28 = 35.486,08.

$\sqrt[2]{35.486,08}$ = 188,377.

188,377 × 7 = 1.318 mètres, 639 millimètres, longueur.

188,377 × 4 = 753 mètres, 508 millimètres, largeur.

XXXI.

Un terrain exactement carré a 96 mètres, 8 décimètres sur chaque côté; combien les côtés d'un autre carré, 5 fois plus grand, ont-ils de mètres chacun?

96,8 × 96,8 = 9.370 mètres, 24 décimètres carrés, surface du premier terrain.

9.370,24 × 5 = 46.851 mètres, 20 décimètres carrés, surface du deuxième terrain.

$\sqrt[2]{46.851,20}$ = 216 mètres, 451 millimètres sur chaque face.

XXXII.

Un général veut disposer 9.409 hommes en carré, à centre plein; on demande combien il y aura d'hommes de front et de flanc, c'est-à-dire combien de rangs, et combien d'hommes sur chaque rang?

$\sqrt[2]{9.409}$ = 97 hommes sur chaque face.

XXXIII.

Quelqu'un a un terrain qu'il veut clore de murs: il contient 486.940 mètres de superficie, et sa largeur est à sa longueur comme 4 est à 5. Sachant que les murs auront 2 mèt., 5 décimèt. de hauteur, et qu'à l'épaisseur convenue, on les paiera sur le pied de 7 fr., 58 c. le mèt. carré; on demande à combien montera la dépense de cette construction?

Lorsque la largeur sera 4 mèt., la longueur en aura 5.

$4 \times 5 = 20^m$; $486.940 : 20 = 24.347$.

$\sqrt[2]{24.347} = 156{,}055.$

$156{,}035 \times 4 = 624$ mèt., 14 centimèt., largeur du terrain.

$156{,}035 \times 5 = 780$ mèt., 175 millimèt., la longueur.

$624{,}14 + 624{,}14 + 780{,}175 + 780{,}175 = 2.808$ mèt., 65 centimèt., longueur totale des quatre murs.

$2.808{,}65 \times$ la hauteur $2{,}5 = 7.021$ mèt., 57 décimèt., 50 centimèt. carrés que contiennent les murs.

$7.021{,}575 \times 7$ fr., 58 c. $= 53.223$ fr., 55 cent., dépense totale.

CUBES.

I.

Une pierre présente un cube parfait; l'une des six faces ayant été mesurée, s'est trouvée de $0^m{,}75$ centimètres.

On demande quel est le volume de cette pierre?

$0{,}75 \times 0{,}75 = 0^m{,}56.25 \times 0{,}75 = 0^m{,}421$ décimèt. 875 centimèt. cubes, volume de la pierre.

II.

Quel est le volume d'un corps ou solide dont la longueur est de 2 mèt., 5 décimèt.; la largeur de 1 mèt., 8 décimèt., et l'épaisseur de 0^{m},75 centimètres?

2,5 × 1,8 = 4,50 × 0,75 = 3 mèt., 375 décimètres cubes, solidité du corps.

III.

Un bloc de marbre a 2 mètres, 4 décimètres de longueur; 1 mèt., 95 centimèt. de largeur, et 0^{m},7 décimèt. d'épaisseur; on demande quel en est le volume et combien *il* pèse, sachant que le poids d'un décimèt. cube de marbre est de 2 *kilog.*, 700 grammes?

2,4 × 1,95 = 4,68 × 0,7 = 3 mèt., 276 décimèt. cubes, ou 3.276 décimèt. cubes, volume du *bloc*.

3.276 × 2 k., 7 g. = 8.845 kilogrammes, 2 hectogrammes, poids du bloc.

IV.

Un propriétaire veut faire *creuser* un fossé de 15 mètres de longueur, 1 mètre, 4 décimètres de largeur au fond et 2 mètres en haut, sur une profondeur de 1 mètre, 6 décimètres.

On demande combien coûtera ce fossé si le prix du mètre cube des terres à extraire est de 1 fr., 95 cent?

1,4 + 2m = 5m,4 : 2 = 1,7 largeur moyenne.

1,7 × 15 = 25m,5 × 1,6 = 40 mèt., 800 décimètres cubes à extraire.

1 fr., 95 × 40,8 = 79 fr., 56 c., que coûtera le fossé.

V.

Un parallélipipède en fer a 6 mètres, 5 *décimèt.* de longueur, 0m,35 centimèt. de largeur et 0m,18 centimèt. d'épaisseur; on demande quel en est le volume, et combien il pèse, sachant que le poids d'un décimètre cube de fer est de 7 kilogrammes, 207 grammes?

6,5 × 0,35 = 2,275 × 0,18 = 409 décimèt. cubes, 5 dixièmes de décimètre, volume du parallélipipède.

7 k., 207 × 409,5 = 2.951 kilog., 266 gram., 5 décigram.

VI.

Quel est le volume et le poids d'une pierre meulière (*parallélipipède*) ayant 1 mèt., 48 centimèt. de long, 0,29 centimèt. de large et 0,95 centimèt.

d'épaisseur? (*Le décimètre cube pèse 2 kilog., 483 grammes.*)

1,48 × 0,29 = 0,4.292 × 0,95 = 0,407 décimèt., 740 centimèt. cubes, volume de la pierre.

2 kil., 483 × 407,74 = 1.012 kilog., 418 gram., 42 centig., poids de la pierre.

VII.

Quelqu'un veut faire construire un mur sur une longueur de 35 mètres, 3 décimètres; la hauteur devra être de 3 mèt., 2 décimèt. et l'épaisseur de 0,5 décimètres.

On demande combien coûtera cette construction, sachant que le maçon demande 8 fr., 95 c. par mètre cube?

35,3 × 3,2 = 112,96 × 0,5 = 56 mèt., 480 décimèt. cubes, que contiendra le mur.

8,95 × 56,48 = 505 fr., 49 c., 6 dixièmes de cent.

VIII.

Un propriétaire veut faire creuser un bassin de 12 mètres, 5 décimètres de longueur, 7 mètres, 3 décimètres de largeur et 4 mètres, 8 décimètres de profondeur.

Il est convenu avec l'ouvrier qui doit extraire les

terres, de le payer à raison de 2 fr., 65 c. le mèt. cube.

Combien l'ouvrier recevra-t-il ?

12,5 × 7,3 = 91,25 × 4,8 = 438 mèt. cubes de terre à extraire.

2,65 × 438 = 1.160 fr., 70 c., somme due à l'ouvrier.

IX.

Combien faudrait-il de pierres taillées, dont la longueur serait de 0^m,45 centimèt., la largeur de 0,28 centimèt. et l'épaisseur de 0,4 décimèt., pour construire un *mur long* de 48 mèt., 6 décimèt., sur une hauteur de 3 mètres, 5 décimètres, et une épaisseur de 0,8 décimètres ?

0,45 × 0,28 = 0,126 × 0,4 = 0,050 décimèt. cubes, 4 dixièmes de décimèt., volume d'une pierre.

48,6 × 3,5 = *170,10* × *0,8* = *136* mèt., 080 décimèt. cubes à construire.

136,080 : 0,0.504 = 2.700 pierres pour construire le mur.

X.

Un bloc de grès à bâtir, de forme circulaire, a 2 mètres, 8 décimètres de diamèt. et 0,45 centimètres d'épaisseur.

Quel est son volume, et combien pèse-t-il?

(Un décimètre cube pèse 1 kilog., 933 gram.)

2,8 × 2,8 = 7,84, carré du diamèt.

Rapport : 0,7.854 × 7,84 = 6 mèt., 15.75.36, surface du bloc.

6,15.75.36 × 0,45 = 2 mèt., 770 décimèt., 891 centimèt. cubes, volume du bloc.

1 kil., 933 × 2.770,891 = 5.356 kilog., 132 gram. 303 milligrammes.

XI.

Un propriétaire a fait faire la maçonnerie d'un puits à raison de 12 fr., 25 c. le mètre cube.

On demande combien il a payé au maçon, sachant que le puits a 13 mètres de profondeur, 1 mèt., 5 décimèt. de diamètre intérieur et que la maçonnerie a partout 0,35 centimèt. d'épaisseur?

Le diamètre intérieur plus l'épaisseur de la maçonnerie de chaque extrémité de ce diamètre = 0,35 + 1,5 + 0,35 = 2 mèt., 2 décimèt., grand diamèt. comprenant la maçonnerie.

2,2 × 2,2 = 4,84, carré du diamèt. × 0,7.854 = 3,801.336, surface du grand cercle.

Petit diamètre. 1,5 × 1,5 = 2,25, carré × 0,7.854 = 1,767.150, surface de l'intérieur du puits.

3,801.336 — 1,767.150 = 2,034.186, surface du cercle formé par la maçonnerie.

Surface. 2,034.186 × 13 mèt., profondeur = 26 mèt., 444 décimèt., 418 centimèt. cubes de maçonnerie.

12,25 × 26,444.418 = 323. fr., 95 c., somme payée au maçon.

XII.

Combien faudrait-il de briques de 0^m,3 décimèt. de longueur, 0^m,15 centimèt. de l'argeur et 0^m,05 centimèt. d'épaisseur, pour construire un mur de 17 mèt., 4 décimèt. de longueur, 8 mèt., 7 décimèt. de hauteur et 2 mèt., 9 décimèt. d'épaisseur?

(*Les joints sont compris dans les dimensions des briques.*)

0,3 × 0,15 = 0,045 × 0,05 = 0,002 décimèt., 250 centimèt. cubes, volume d'une brique.

17,4 × 8,7 = 151,38 × 2,9 = 439 mèt., 002 décimèt. cubes à construire.

439,002 : 0,002.250 = 195.112 briques qu'il faudra pour la construction du mur.

XIII.

Quel serait le poids d'une sphère massive en cuivre rouge, ayant 0,42 centimètres de diamètre, le poids d'un décimètre cube de cuivre rouge étant de 7 kilogrammes, 778 grammes?

Le volume d'une sphère s'obtient en multipliant la surface par le sixième du diamètre. On obtient la surface d'une sphère en multipliant le diamètre par la *circonférence.*

Cherchons la circonférence :

Rapport : 3,1416 × 0,42 = 1 mètre, 319.472, circonférence.

1,319.472 × 0,42 = 0,55.417.824, surface de la sphère.

0,55.417.824 × le sixième *du diamètre* 0,07 = 0,038 décimètres, 792 centimètres, 477 millimètres cubes, volume de la sphère.

XIV.

On obtient également le volume d'une sphère, comme nous l'avons déjà dit, en multipliant le cube du diamètre par le rapport du cube du *diamètre de la sphère à sa solidité* 0,5.236.

Diamètre : $\overline{0,42}^{3}$ = 0,42 × 0,42 = 0,1.764 × 0,42 = 0,074.088, cube du diamètre. 0,074.088 × 0,5.236 = 0,038 décimètres, 792 centimètres, 477 millimètres cubes.

7 kil., 778 × 38,792.477 = 301 kilogr., 727 gr., 886 milligr., poids de la sphère dont il s'agit.

XV.

Quelqu'un veut faire creuser un réservoir dont la longueur sera de 28 mètres, 5 décimètres, la largeur 7 mètres, 4 décimètres, et la profondeur 5 mètres, 8 décimètres.

On demande combien il pourra contenir d'hectolitres d'eau?

28,5 × 7,4 = 210,90 × 5,8 = 1.223 mètres, 220 décimètres cubes.

ou 1.223.220 litres : 100 = 12.232 hectolitres, 20 litres.

XVI.

Le diamètre d'un puits est de 1 mètre, 55 centimètres, la hauteur de l'eau qu'il contient est de 3 mètres, 6 décimètres; on demande combien il contient de décalitres d'eau?

$\overline{1,35}^2$ = 1,35 × 1,35 = 1,8.225, carré du diamètre.

1,8.225 × rapport 0,7.854 = 1 mètre, 4.313.915, surface du cercle représenté par le puits.

1,4.313.915 × 3,6 = 5 mètres, 153 décimètres, 009 centimètres cubes = 5.153 litres : 10 = 515 décalitres, 3 litres que contient le puits.

XVII.

Une pierre pleine d'eau a de longueur intérieure

1 mètre 38 centimètres; de largeur, 0,95 centimètres, et de profondeur, 0,83 centimètres;

On demande combien elle contient de litres?

1,38 × 0,95 = 1,311 × 0,83 = 1.088 litres, 13 centilitres.

XVIII.

On demande combien contient de litres un tonneau dont la longueur intérieure est de 0,82 centimètres; le diamètre du bouge 0,67 centimètres, et celui de chacun des deux fonds de 0,52 centimètres?

Diamètre du bouge 0,67 — 0,52 = 0,15 centimètres, différence.

Le tiers de 0,15 = 0,05.

Grand diamètre 0,67 — 0,05 = 0,62, diamètre moyen.

0,62 × 0,62 = 0,3.844, carré du diamètre.

Rapport 0,7.854 × *0,3.844* = *0^m,30.190.776*, surface du cercle moyen.

0,30.190.776 × 0,82 = 0,247 litres, 56 centilitres, plus une fraction très-minime, que nous avons négligée à cause de son peu d'importance.

XIX.

Le diamètre d'une cuve au fond est de 0^m,79

centimètres, et celui de l'ouverture est de 1 mètre, 07 centimètres.

Sachant que sa profondeur est de 1 mètre, 2 décimètres, on demande combien elle contient de litres?

0,79 + 1,07 = 1,86 : 2 = 0,93 centimètres, diamètre moyen.

0,93 × 0,93 = 0,8.649, carré du diamètre.

Rapport : *0,7.854* × *0,8.649* = *0,67.929.246*, surface du cercle moyen.

0,67.929.246 × 1,2 = 8.151 litres, 51 centilitres, capacité de la cuve.

XX.

On a mesuré une baignoire de forme elliptique, et on a trouvé les dimensions suivantes : le grand axe ou grand diamètre a à l'ouverture 1 mètre, 32 centimètres; le petit axe ou petit diamètre, 1 mètre, 28 centimètres; le grand axe du fond est de 1 mètre, 22 centimètres, et le petit axe est de 1 mètre, *04 centimètres?*

On demande combien cette baignoire contient de litres, la hauteur intérieure étant de 0 mètre, 75 centimètres?

Ouverture, grand axe 1,32 + petit axe 1,28 = 2,60 : 2 = 1,30, diamètre moyen de l'ouverture.

Fond, grand axe 1,22 + petit axe 1,04 = 2,26 : 2 = 1,13, diamètre moyen du fond.

1,30 × 1,13 = 1^{m},469, carré des deux diamètres.

1,469 × 0,7.854 = 1^{m},1.537.526, surface du cercle moyen.

1,1.537.526 × 0,75 = 865 litres, 31 centilitres.

XXI.

Un réservoir qui a 4 mètres, 5 *décimètres* de long, 4 mètres, 2 décimètres de large, et 4 mètres de profondeur, est alimenté par un robinet qui lui donne 0,82 centilitres d'eau en 3 secondes, 5 dixièmes de seconde.

En combien d'heures ce réservoir sera-t-il rempli?

4,5 × 4,2 = 18,9 × 4 = 75 mètres, 600 décimèt. cubes ou 75.600 litres à emplir.

75.600 *litres* : 0,82 centilitres, on trouve qu'il faudra 92.195 *fois* 3 *secondes*, 5 *dixièmes* = 92.195 × 3,5 = 322.682 secondes, 5 dixièmes.

322.682,5 : 3.600 secondes, valeur d'une heure = 89 heures, et il reste 2.282 secondes, 5 dixièmes, qu'il faut diviser par 60 secondes, valeur d'une *minute*, *on trouve* 38 minutes, et il reste 2 secondes, 5 dixièmes, d'où l'on voit qu'il faudra 89 heures, 38 minutes, 2 secondes, 5 dixièmes, pour emplir le réservoir.

XXII.

Une pile de bois à brûler, rangée en forme de parallélipipède a 14 mètres, 5 décimètres de longueur; 8 mètres, 38 centimètres de largeur, et 7 mètres, 4 décimètres de hauteur.

Combien contient-elle de stères ou mètres cubes?

14,5 × 8,38 = 121^{m},51 × 7,4 = 899 mètres, 174 décimètres cubes, ou 899 stères, 174 *millistères que contient la pile de bois.*

XXIII.

On a payé 299 francs, 88 centimes pour un bloc de pierre ayant 3 mètres, 6 décimètres de longueur, 2 mètres, 8 décimètres de largeur, et 3 mètres, 5 décimètres de hauteur.

On demande à combien revient le décimètre cube?

3,6 × 2,8 = 10^{m},03 × 3,5 = 35 mètres, 280 décimètres cubes ou 35.280 décimètres cubes.

299 fr., 88 : 35.280 = *0 fr., 85 centimes*, prix du décimètre cube.

XXIV.

On demande le cube d'une planche de 4 mètres, 3 décimètres de longueur sur 0 mètre, 15 centimètres de largeur, et $0^m,04$ centimètres d'épaisseur?

4,5 × 0,15 = 0,64 décimètres, 50 centimètres carrés, surface de la planche.

0,64.50 × 0,04 = 0 mètre, 025 décimètres, 800 centimètres cubes, volume de la planche.

XXV.

Quel est le poids d'un cylindre en chêne dont la longueur est de 5 mètres, 8 décimètres, et la circonférence 1 mètre, 75 centimètres; le décimètre cube de chêne pesant à peu près 1 kilogramme, 170 grammes?

Pour trouver le diamètre, il faut diviser la circonférence par le rapport 3,1.416.

1,75 : 3,1416 = 0 mètre, 557 millimètres, diamètre du cylindre.

0,557 × 0,557 = 0,310.249, carré du diamètre.

0,310.249 × *rapport 0,7.854 = 0 mètre,* 2.436.695.646, surface du cercle.

0,2.436.695.646 × 5,8 = 1 mètre, 413 décimèt., 283 centimètres, 475 millimètres cubes, volume du cylindre.

1.413 décimètres, 283.475 × 1 kilogramme, 170 grammes = 1.653 kilogrammes, 541 grammes, 666 milligrammes, poids du cylindre.

XXVI.

On veut faire construire un bûcher qui contienne 352 stères, 8 décistères de bois. On demande quelle doit être la hauteur de ce bûcher, sachant que sa longueur sera de 12 mètres et sa largeur de 7 mètres?

$12 \times 7 = 84$ mètres carrés, surface de l'emplacement du bûcher.

Maintenant, *il faut que nous trouvions un nombre qui*, multiplié par 84 nous donne 352,8. Pour cet effet, il faut diviser 352,8 par 84, le quotient sera la hauteur *demandée*.

352,8 : 84 = 4 mètres, 2 décimètres, hauteur du bûcher.

XXVII.

Une pile de bois à brûler a de longueur 7 mètres, 4 décimètres; de largeur, 2 mètres, 3 décimètres, et de hauteur, à un bout, 5 mètres, et à l'autre bout, 6 mètres, 5 décimètres.

Combien contient-elle de stères?

Hauteur $6,5 + 5 = 11,5 : 2 = 5$ mètres, 75 *centimètres, hauteur moyenne.*

$7,4 \times 2,3 = 17,02 \times 5,75 = 97$ stères, 865 millistères.

XXVIII.

Une citerne de 3 mètres de profondeur, 5 mètres de *longueur, et 4 mètres, 5 décimètres de* largeur, est pleine d'eau; combien en contient-elle de litres?

3 × 5 = 15 × 4,5 = 22 mètres cubes, 5 dixièm., ou 22.500 décimètres cubes. Mais le décimètre cube constitue le litre; la citerne contient donc *22.500 litres d'eau*.

XXIX.

Quelqu'un a acheté, à raison de 19 francs, 05 centimes le stère, une *pile* de bois qui a 6 mètres, 9 décimètres de longueur, 4 mètres, 8 décimètres de largeur, et 3 mètres de hauteur.

Combien doit-il pour le tout?

6,9 × 4,8 = 33^{m},12 × 3 = 99 stères, 36 centistères.

19 fr., 05 × 99,36 = 1.892 francs, 80 centimes, somme que coûtera la pile de bois.

BOIS DE CHARPENTE.

I.

Une pièce d'équarrissage a 15 mètres, 8 décimètres de longueur, 0 *mètre*, 3 *décimètres* sur chaque *côté* d'équarrissage.

Combien contient-elle de décistères?

0,3 × 0,3 = 0,09 décimèt. carrés, surface du bout.

0,09 × 15,8 = 1 stère, 422 millistères, ou 14 *décistères, 22 centièmes de décistère, solidité* de la pièce.

II.

Une pièce de bois carré a 0^{m},35 centimètres, sur 0^{m},35 centimètres d'équarrissage et sa longueur est de 9 mètres, 7 *décimètres*.

Combien contient-elle de décistères ?

0,35 × 0,35 = 0^{m},12 décimètres 25 centimètres carrés, surface du bout.

0,12.25 × 9,7 = 1 stère, 1 *décistère*, 8.825 dix-millièmes de décistère.

III.

On demande combien coûtera une poutre dont l'équarrissage est de $0^{m},85$ centimètres, la longueur de 8 mètres, 5 décimètres, et le prix du décistère étant de 7 fr., 85 c.?

0,85 × 0,85 = 0,72 décimètres, 25 centimètres carrés, surface du bout de la poutre.

0,72.25 × 8,5 = 6 stères, 14.125 cent-millièmes de stère, ou 61 décistères, 4.125 dix-millièmes de décistère.

61,4.125 × 7,85 = 482 fr., 09 cent., prix de la poutre.

IV.

Une pièce de bois carré a $0^{m},28$ centimètres sur chaque côté à un *bout et* $0^{m},34$ centimètres à l'autre bout; sachant que cette pièce a 12 mètres, 7 décimètres de longueur, on demande combien elle contient de décistères?

0,28 + 0,34 = 0,62 : 2 = 0,31 centimèt., dimension moyenne.

0,31 × 0,31 = 0^{m},0.961 × 12^{m},7 = 1 stère, 22 centistères, ou 12 décistères, 2 dixièmes de décistère.

V.

Une pièce d'équarrissage, bois bâtard, a $0^m,48$ centimètres de largeur et $0^m,35$ centimètres d'épaisseur; la longueur est de 6 mètres, 3 décimèt. Combien cette pièce contient-elle de décistères?

0,48 × 0,35 = 0,16 décimètres, 80 centimètres carrés, surface du bout.

0,168 × $6^m,3$ = 10 décistères, 584 millièmes de décistère, *volume de la pièce.*

VI.

Quel est le volume d'une pièce de bois dont la longueur est de 9 mètres, 25 centimètres, la largeur de $0^m,23$ centimètres et l'épaisseur de $0^m,15$ centimètres?

0,23 × 0,15 = 0,0.345 × 9,25 = 3 décistères, 19 centièmes de décistère.

VII.

Un madrier a de largeur $0^m,39$ centimètres, d'épaisseur 0,24 centimètres, et la longueur est de 4 mètres, 5 décimètres.

Combien contient-il de décistères?

0,39 × 0,24 = 0,09,36 × 4,5 = 4 décistères, 2 dixièmes.

VIII.

Quel est le volume d'une pièce de bois, ayant 12 *mètres*, 7 *décimètres de long*, et 0,38 centimètres sur 0,29 centimètres d'équarrissage?

0,38 × 0,29 = 0,11.02 × 12,7 = 13 décistères, 9.954 dix-millièmes de décistère = 14 décistères, volume de la pièce.

IX.

Un arbre dont l'écorce est enlevée a 1 mètre, 3 décimètres de circonférence à un bout, 1 mètre, 7 décimètres au milieu, 1 mètre, 8 décimètres au pied et 6 mètres, 5 *décimètres* de longueur.

Combien contient-il de *décistères* ?

$1^{m},3 + 1,7 + 1,8 = 4,8 : 3 = 1,6$ circonférence moyenne.

(On ne déduit que le dixième de la circonférence moyenne.)

$1,6 : 10 = 0^{m}$, 16 centimètres, dixième de la circonférence.

$1,6 - 0,16 = 1^{m},44$ centimètres dont il faut prendre le quart.

$1,44 : 4 = 0,36$ centimètres, dimensions approximatives.

$0,36 \times 0,36 = 0,12$ décimètres, 96 centimètres carrés, surface du cercle moyen.

0,12.96 × 6,5 = 8 décistères, 424 millièmes de décistère.

X.

Un arbre en grume, c'est-à-dire revêtu de son écorce, a de circonférence moyenne 1 mètre, 68 centimètres, et de longueur 8 mètres, 34 centimètres.

Combien coûtera-t-il, si l'on vend le décistère 3 fr., 85 cent.?

(Il faut déduire le sixième de la circonférence moyenne et prendre le quart du reste pour avoir les dimensions approximatives.)

1,68 : 6 = 0,28 centimètres, sixième de la circonférence.

1^{m},68 — 0,28 = 1,40 : 4 = 0,35 centimètres, dimensions.

0,35 × 0,35 = 0,12 décimètres, 25 centimètres, surface du cercle.

0,1.225 × 8,34 = 10 décistères, 2 dixièmes de décistère.

3,85 × 10,2 = 39 fr., 27 c., prix de l'arbre.

XI.

On demande quel est le poids d'un orme en grume, dont la circonférence moyenne est de

1 mètre, 95 centimètres, et *la* longueur de 8 mètres, 5 décimètres?

(Le décimètre *cube d'orme* pèse à peu *près* 0 kilog, 672 grammes.)

1,95 : 6 = 0^{m},325 millimètres, sixième de la circonférence.

1,95 — 0,325 = 1^{m},625 millimètres : 4 = 0^{m},406 millimètres, dimensions.

0,406 × 0,406 = 0,164.836 × 8,5 = 1 stère, 401 *millistères ou 1.401 décimètres* cubes.

0 k., 672 × 1.401 = 941 kilogrammes, 472 grammes, poids de l'arbre.

PROBLÈMES

RELATIFS A L'EXTRACTION DES RACINES CUBIQUES.

I.

Quelle est la racine cubique de 110.592 ?

$\sqrt[3]{110.592} = 48$, racine demandée.

II.

On demande quelle est la racine cubique de 34.518.601.216 ?

$\sqrt[3]{34.518.601.216} = 3.256$, racine demandée.

III.

On demande quelles sont les dimensions d'un bloc de pierre formant un cube parfait, sachant que son volume égale celui d'un autre bloc de 1 mètre, 45 centimètres de longueur; 1 mètre,

25 centimètres de largeur et 1 mètre, 5 décimètres d'épaisseur?

1,45 × 1,25 = 1^m,81.25 × 1,5 = 2 mètres, 718 décimètres, 750 centimètres cubes, volume de chacun des deux blocs,

$\sqrt[3]{2,718.750}$ = 1 mètre 395 millimètres qu'a le premier bloc sur chaque face.

IV.

Un propriétaire veut faire creuser une citerne qui puisse contenir 22.906 kilolitres, 304 litres d'eau. On demande combien elle devra avoir sur chaque face?

22.906 kilolit., 304 = 22.906 mètres, 304 décimètres cubes.

$\sqrt[3]{22.906,304}$ = 28 mètres, 4 décimètres sur chaque face.

V.

Un propriétaire veut faire construire une pièce d'eau qui puisse contenir 61 myrialitres, 4 kilolit., 125 litres.

Sachant que les six faces seront égales, on demande combien elles auront chacune?

61 myrialit., 4 kilolit., 125 lit. = 614 mèt., 125 décimèt. cubes.

$\sqrt[3]{614,125}$ = 8 mètres, 5 décimètres, longueur de chaque dimension.

VI.

Quelle est la racine cubique de 846.590 mètres, 536 décimètres cubes?

$\sqrt[3]{846.590,536}$ = 94 mètres, 6 décimètres de longueur.

VII.

Un tas de fagots de forme cubique contient 843 mètres, 908 décimètres, 625 centimètres cubes. Combien a-t-il de mètres sur chaque dimension?

$\sqrt[3]{843,908.625}$ = 9 mètres, 45 centimètres sur chaque face.

VIII.

Un bassin de forme circulaire a 35 mètres, 4 décimètres de diamètre, et 4 mètres, 8 décimètres de profondeur.

Combien faudrait-il qu'un autre bassin, de forme parfaitement cubique eût sur chaque dimension pour contenir la même quantité d'eau?

35,4 × 35,4 = 1.253,16, carré du diamètre.

1.253,16 × rapport 0,7.854 = 984 mètres, 23 *décimètres, 18 centimètres*, 64 millimètres carrés, surface du bassin.

984,231.864 × 4,8 = 4.724 mètres, 312 décimètres, 947 centimètres cubes, capacité du premier bassin.

$\sqrt[3]{4.724,312.947}$ = 16 mètres, 77 centimètres *sur chaque dimension* pour le deuxième bassin.

IX.

Un tas de pierres à bâtir, de forme cubique, contient 97 mètres, 336 décimètres cubes; combien a-t-il de mètres sur chaque dimension ?

$\sqrt[3]{97,336}$ = 4 mètres, 6 décimètres sur chaque face.

CONVERSION

DES MESURES ANCIENNES EN NOUVELLES

ET RÉCIPROQUEMENT.

I.

Combien 786 toises de longueur valent-elles en mètres?

Rapport : 1 mètre, 949 × 786 = 1.531 mètres, 914 *millimètres.*

II.

Combien 649 mètres, 7 décimètres valent-ils de toises?

Rapport : 0,513 × 649,7 = 333 toises, 2.961 dix-millièmes de toise. Cette fraction peut être convertie en pieds; pour cela, il faut la multiplier par 6 pieds, valeur de la toise courante. 0,2.961 × 6 = 1 pied, 7.766 dix-millièmes de pied, qui multipliés par 12, donnent 0,7,764 × 12 = 9 pouces, 3.192 dix-millièmes de pouce. Cette fraction multipliée par 12 lignes = 3 lignes, 8.304 dix-millièmes de ligne.

Ainsi : 649 mètres, 7 décimètres = 333 toises, 1 pied, 9 pouces, 4 lignes.

III.

On demande combien 333 toises, 1 pied, 9 pouces, 4 lignes valent en mètres?

Il faut réduire tout en lignes, on aura 287.968 lignes.

Rapport : 2 millim., 256 × 287.968 lig. = 649 mètres, 6 décimètres, 55.808 cent-millièmes de décimètre.

IV.

Combien 12 myriamètres valent-ils de toises?

Rapport : 0,513 × 120.000 = 61.560 toises.

V.

Combien 17 mètres, 28 centimètres valent-ils de toises, pieds, pouces et lignes?

0,513 × 17,28 = 8 toises, 86.464 cent-millièmes.

0,86.464 × 6 = 5 pieds, 18.784 cent-millièmes.

0,18.784 × 12 pouces = 2 pouces, 25.408 cent-millliêmes.

0,25.408 × 12 lignes = 3 lignes, 04,896 cent-millièmes.

Ainsi, 17 mètres, 28 centimètres = 8 toises, 5 pieds, 2 pouces, 3 lignes.

VI.

Une pièce de toile contenant 57 aunes de tisserand a été vendue à raison de 3 francs, 50 centimes l'aune. On demande combien elle a coûté en tout, combien elle vaut *en mètres*, *et combien il* faut la revendre *le* mètre pour gagner 25 centimes par mètre?

(L'aune de tisserand est de 30 pouces.)

3 fr., 50 × 57 = 199 fr., 50 c. en tout, prix coûtant.

30 pouces × 57 aunes = 1.710 pouces.

Rapport : 2 centimètres, 707 × 1.710 pouces = 46 mètres, 2.897 dix-millimètres.

199 fr., 50 : 46 mètres, 2.897 = 4 fr., 31 centim., le *mètre*, *prix coûtant*.

Pour gagner 0 fr., 25 c. par mètre, il faudra la revendre 4 fr., 31 c. + 0,25 = 4 fr. 56 c.

VII.

Combien 39 aunes de Paris valent-elles en mètres?

Rapport : 1 mètre, 1.884 × 59 aunes = 70 mètres, 1.156 dix-millimètres.

VIII.

L'ancienne toise de Bourgogne était de 7 pieds, 6 pouces.

Combien vaut-elle en mètres?

7 pieds × 12 pouces = 84 + 6 = 90 pouces.

Rapport : 2 centimètres, 707 × 90 = 2 mètres, *4.363 dix-millimètres.*

IX.

On a acheté du drap à 45 francs le mètre; quel aurait été le prix de l'aune de Paris?

45 francs × 1,1.884 = 53 francs, 47 centimes, 8 dixièmes de centime.

X.

Quelqu'un a acheté une pièce de drap à raison de 57 francs l'aune de Paris; on demande combien il faut la revendre le mètre pour gagner 4 fr., 75 c. par mètre?

57 × rapport 0,8.414 = 47 fr., 95 c., 98 cent. de centime, prix coûtant du mètre.

47 fr., 96 + 4 fr., 75 = 52 fr., 71 c., prix qu'il faudra revendre le mètre.

XI.

Combien 7 mètres, 35 centimètres de longueur valent-ils de pieds, pouces et lignes?

(Le décimètre vaut en pied 0 pied, 308 milliem. 7 mèt., 35 = 73 décimètres, 5 dixièmes.)

0 pied, 308 × 73,5 = 22 pieds, 638 millièmes de pied.

0,638 millièmes × 12 pouces = 7 pouces, 656 millièmes de pouce.

0,656 mill. × 12 lignes = 7 lignes, 872 millièmes de ligne.

Ainsi 7 mètres, 35 centimètres = 22 pieds, 7 pouces, 8 lignes.

SUPERFICIE.

XII.

Combien 37 toises carrées valent-elles en mètres carrés?

Rapport : 3 mètres, 799 × 37 toises = 140 mètres carrés, 563 millièmes de mètre carré ou 140 mètres, 56 décimètres, 30 centimètres carrés.

XIII.

Combien 186 mètres carrés, 25 décimètres valent-ils de toises, pieds et pouces carrés ?

Rapport : $0^t,263 \times 186,25 =$ 48 toises, 98.375 cent-millièmes de *toise* carrée.

0,98.375 × 36 pieds carrés, valeur de la toise = 35 pieds carrés, 415 millièmes de pied carré.

0,415 × 144 pouces carrés = 59 pouces carrés, 76 centièmes de pouce carré.

0,76 × 144 lignes carrées = 109 lignes carrées, 44 centièmes de ligne carrée.

186 mètres carrés, 25 décimètres carrés = 48 toises, 35 pieds, 59 pouces, 109 lignes carrées, *44 centièmes de ligne.*

XIV.

Convertir 17 toises carrées, 24 pieds carrés, 134 pouces carrés en mètres carrés?

17 × 36 pieds = 612 + 24 = 636 pieds carrés.

636 pieds × 144 pouces = 91.584 pouces + 134 = 91.718 pouces carrés en tout.

Rapport : 7 centimètres, 328 × 91.718 = 67 mèt., 21 décimètres, *09 centimètres carrés,* 504 millièmes de centimètre carré.

XV.

Quelqu'un a fait poser un parquet à raison de 47 francs, 49 centimes la toise carrée; on demande combien on devra payer le mètre carré d'un parquet semblable pour qu'il coûte le même prix que le premier?

Le mètre carré = 0,263 millièmes de la toise carrée.

Or, le mètre carré coûtera 0,263 millièmes du prix de la toise.

47 fr., 49 × 0,263 = 12 fr., 48 c., 987 millièmes de c. = 12 fr., 50 c.

XVI.

Quelqu'un a fait poser un parquet dont le prix était de 12 fr., 50 c. le *mètre carré; on demande combien aurait coûté la* toise carrée?

La toise carrée = 3 mètres, 799 millièmes de mètre carré.

La *toise* carrée aurait donc coûté *12 fr.*, 50 c. × 3,799 = 47 francs, 48 centimes, 75 centièmes de centime = 47 *fr.*, 49 centimes.

XVII.

Une personne a fait peindre un appartement; *elle* a payé au *peintre pour* fournir et poser la couleur, 13 fr., 11 c. la toise carrée. Désirant faire repeindre ce même appartement dégradé par le temps, on demande combien on devra payer le mètre carré pour faire la même dépense que la première fois?

13 fr., 11 c. × 0,263 = 3 fr., 44 c.,793 millièmes de centime = 3 fr., 45 c. le mètre carré.

XVIII.

Sachant que le mètre carré coûte 3 fr., 45 c., on demande combien aurait coûté la toise carrée?

3 fr., 45 × 3 mètres, 799 = 13 fr., 10 c., 655 millièmes de centime = 13 fr., 11 c.

XIX.

On demande combien 7 denrées (perche de 8 pieds, 2 pouces), valent en ares et centiares?

(La denrée est de 80 perches carrées.)

8 pieds × 12 pouces = 96 pouces + 2 pouces = 98 pouces, longueur.

98 × 98 = 9.604 pouces carrés, perche carrée.

Rapport : 7 centimètres, 328 × 9.604 = 7 mètres, 03 décimètres, *78 centimètrss carrés*, 112 millièmes de centimètre carré = 7 centiares, 04 centièmes de centiare, valeur du carreau.

7 ares, 04 × 80 = 5 ares, 63 centiares, valeur de la denrée.

5 ares, 63 centiares × 7 *denrées* = 39 ares, 41 centiares.

XX.

Combien trouvera-t-on en convertissant 15 denrées, 45 carreaux (*perche de 8 pieds 2 pouces*) en ares et centiares?

5 ares, 63 cent. × 15 denrées = 84 ares, 45 cent.
7 centiares × 45 carreaux = 3 ares, 15 centiares.
84,45 + 3,15 = 87 ares 60 centiares en tout.

XXI.

Combien 87 ares, 60 centiares valent-ils de denrées et carreaux; même perche *que la précédente*?

87 ares, *60 cent.* : 5 ares, 63 cent. = 15 denrées, 3 ares, 15 centiares, ou 315 centiares, qui, divisés par 7 centiares, valeur du carreau donnent 45 carreaux; ce qui fait en tout 15 denrées 45 carreaux.

XXII.

Combien 38 ares, 30 centiares, 4 dixièmes valent-ils de perches de 484 pieds carrés?

3.830 cent., 4 : 51 cent., 072; valeur de la perche carrée en centiares = 75 perches carrées.

XXIII.

Combien 75 perches carrées (*perche de* 22 *pieds*

de côté) valent-elles en mètres carrés ou centiares?

Il faut chercher le rapport de la perche carrée au mètre carré.

22 × 22 = 484 pieds carrés, perche carrée.

Rapport: 10 décimèt. carrés, 552 × 484 = 51 mèt., 07 décimèt., 16 centimèt. carrés, 8 dixièmes = 51 centiares, 072 millièmes de centiare, valeur de la perche carrée.

51,072 × 75 perches = 3.830 centiares, 4 dixièmes ou 38 ares, 30 centiares, 4 dixième.

XXIV.

Combien 4 denrées, 38 carreaux (*perche de 8 pieds, 4 pouces = 100 pouces de longueur*) valent-elles en ares et centiares?

100 × 100 = 10.000 pouces carrés, perche carrée, ou carreau.

Rapport : 7 cent., 328 × 10.000 = 7 mèt. carrés, 328 millièmes = 7 centiares, 328 millièmes; valeur du carreau.

7,328 × 38 carreaux = 278 centiares, 464 millièmes = 2 ares 78 centiares.

7,328 × 80 carreaux = 5 ares, 86 centiares, 24 centièmes de centiare. Cette dernière fraction se néglige.

5,86 × 4 denrées = 23 ares, 44 centiares.

23 ares, 44 cent. + 2 ares, 78 cent. = 26 ares, 22 cent., valeur des 4 denrées 38 carreaux.

XXV.

Convertir 53 ares, 48 centiares en denrées et carreaux (*perche de* 100 *pouces de longueur*)?

53 ares, 48 cent. : 5 ares, 86 cent. = 9 denrées, 74 centiares.

74 centiares : 7 cent., valeur du carreau = 10 carreaux 4/7.

53 ares, 48 cent = 9 denrées, *10 carreaux.*

XXVI.

Une personne qui a acheté une propriété à raison de 57 fr., 25 c. la denrée (*perche de* 10.000 *pouces carrés*) désire savoir combien il faut qu'elle la revende l'are pour gagner 3 fr., 45 c. par are?

57 fr., 25 : 5 ares, 86 cent. = 9 fr., 76 c., 9 dixièmes, prix coûtant.

9 fr., 77 c. + 3 fr., 45 = 13 fr., 22 c., prix qu'il faudra revendre la propriété pour satisfaire aux conditions du problème.

XXVII

Lorsque l'on paie l'hectare 1.669 fr., 79 c., à combien revient la denrée de 80 carreaux, le carreau de 10.000 pouces carrés (*denrée* = 5 *ares* 86 *centiares*).

Prix de l'are : 1.669 fr., 79 c. : 100 = 16 fr., 6.979.

16 fr., 6.979 × 5 ares, 86 cent. = 97 fr., 849.694
= *97 fr., 85 c., prix de la denrée.*

XXVIII.

Quelqu'un qui a acheté une propriété à raison de 97 fr., 85 c. la denrée de 5 ares, 86 centiares, désire savoir combien il doit la revendre l'hectare, pour *la remettre au prix coûtant?*

97 fr., 85 : 5 ares, 86 cent. = 16 fr., 69 c., 79 centièmes de cent., prix de l'are.

16 fr., 6.979 × 100 = 1.669 fr., 79 c., prix de l'hectare.

XXIX.

Lorsque la denrée de 5 ares, 65 centiares se vendait 198 fr., 65 c., à combien revenait l'are?

198 fr., 65 : 5 ares, 65 centiares = 35 francs, 28 centimes, 4 dixièmes de centime.

XXX.

Quelle est la *valeur en ares* et centiares de la denrée de 64 carreaux ou perches carrées de 9 pieds de côté?

9 × 9 = 81 pieds carrés, perche carrée.

Rapport du pied carré au décimètre = 10 déc.,552.

10,552 × 81 pieds = 0,08 centiares, 547 millièmes, valeur de la perche carrée ou carreau.

0,8.547 × 64 carreaux = 5 ares, 47 centiares, valeur de la denrée.

XXXI.

Combien 35 ares, 38 centiares, valent-ils de denrées et carreaux; la denrée de 64 perches carrées, et la perche de 9 pieds de côté?

35,38 : 5 ares, 47 centiares = 6 denrées + 256 centiares.

256 centiares : 8 centiares, valeur du carreau = 32 carreaux.

Ainsi 35 ares, 38 centiares = 6 denrées + 32 carreaux.

XXXII.

Quelle est la valeur en ares et centiares de la denrée de 80 carreaux, le carreau de 8 pieds, 8 pouces de côté?

8 pieds, 8 pouces = 104 pouces. 104 × 104 = 10.816 pouces carrés.

Rapport : 7 centiares, 328 × 10.816 = 07 centiares, 926 millièmes.

7 centiares, 926 × 80 carreaux = 6 ares, 34 centiares, valeur de la denrée.

XXXIII.

Combien y a-t-il de denrées et carreaux dans 59 ares, 37 centiares, perche de 8 pieds, 6 pouces de long, la denrée de 6 ares, 09 centiares?

59,37 : 6,09 = 9 denrées + 456 centiares.

456 centiares : 7 centiares, 624 millièmes = 8 centiares en pratique = 57 carreaux.

59 ares, 37 centiares = 9 denrées ou un arpent + 57 carreaux.

XXXIV.

Quelle est la valeur en centiares de la perche de 8 pieds de longueur, ou 64 *pieds carrés?*

Rapport: 10 décimèt., 552 × 64 pieds = 6 centiares, 75.328 cent-millièmes de centiare = 7 centiares dans la pratique.

SOLIDITÉ.

XXXV.

Combien 47 *toises cubes* valent-elles en mètres cubes?

Rapport : 7 mètres, 404 décimètres × 47 = 347 mètres, 988 décimètres cubes.

XXXVI.

Combien 347 mètres, 988 décimètres cubes valent-ils de toises cubes?

Rapport: 0,135 × 347,988 = 46 *toises*, 97.838 cent-millièmes de toise. En forçant de 0,02.162 cent-millièmes, ce qui est peu important, nous avons 47 toises.

XXXVII.

On demande combien 35 toises, 132 pieds, 429 pouces cubes font en mètres cubes?

Rapport: 7^{m},404 × 35 = 259 mèt., 140 décimèt. cubes.

Rapport: 34 décimèt., 277 × 132 pieds = 4 mètres, 524.564.

Rapport: 19 centimèt., 836 × 429 pouces = 0^{m}, 008.509.644.

259,140 + 4,524.564 + 0,008.509.644 = 263 mèt., 673 décimèt., 073 centimèt., 644 millim. cubes, *réponse à la question* ci-dessus.

XXXVIII.

On demande combien il y a de toises, pieds, pouces et lignes cubes dans 142 mètres, 465 décimètres cubes?

Rapport du mètre cube à la toise cube = 0,135.

0,135 × 142,463 = 19 toises cubes, 232.505 millionièmes de toise cube.

0,232.505 × 216 pieds cubes, valeur de la toise = 50 pieds, 22.108 cent-millièmes de pied cube.

0,22.108 × 1.728 pouces cubes, valeur du pied cube = 382 pouces cubes, 02.624 cent-millièmes de pouce cube.

0,02.624 × 1.728 lignes cubes, valeur du pouce cube = 45 *lignes cubes*, 34.272 cent-millièmes de ligne cube.

Réponse : 142 mèt. cubes, 463 décimèt. cubes = 19 toises, 50 pieds, 382 pouces, 45 lignes cubes.

XXXIX.

On a fait construire un mur à raison de 65 fr. la toise cube; combien coûterait actuellement le mètre cube, si l'on faisait un mur semblable aux mêmes *conditions*?

Le mètre cube = 0,135 millièmes de toise ;
Alors, le mètre coûterait 65 fr. × 0,135 = 8 fr., 77 c., 5 dixièmes de centime.

XL.

Un propriétaire a fait creuser un fossé à raison de 9 fr., 75 c. le mètre; combien aurait-il payé la toise cube aux mêmes conditions ?

La toise cube vaut 7 mèt., 404 décimèt. cubes ;

Alors, la toise aurait coûté 9 fr., 75 c. × 7 mèt., 404 = 72 fr. 18 c., 9 dixièmes de centime.

XLI.

La corde de 32 pieds, a 8 pieds de couche, 4 pieds de hauteur et la longueur des bûches est de 4 pieds, ce qui fait 128 pieds cubes. Combien cette corde contient-elle de stères, et combien doit-on vendre actuellement le stère de même bois et au même prix, sachant que la corde se vendait 80 fr.?

Le pied cube = 34 décimèt. cubes, 277 centimèt.

0^m,034.277 × 128 = 4 stères, 387.456 = 4 stères, 4 décistères, valeur de la corde.

80 fr. : 4,4 = 18 fr., 18 c., prix du stère.

XLII.

Lorsque le stère de bois de chauffage se vend 20 fr., 45 c., quel serait le prix de la corde de 128 pieds cubes = 4 stères, 4 décistères?

20 fr., 45 c. × 4,4 = 89 fr., 98 c. = 90 fr., prix de la corde.

XLIII.

Combien 12 stères, 8 décistères feraient-ils de cordes de 128 pieds cubes?

12 stères, 8 décistères = 12.800 décimètres cubes.

Le décimètre cube = 0p,029 millièmes de pied.

0,029 × 12.800 = 371 pieds cubes, 2 dixièmes de pied.

371 pieds : 128 pieds = 2 cordes + 115 pieds cubes.

XLIV.

La corde de 40 pieds, a 8 pieds de couche, 4 pieds de hauteur et les bûches ont 5 pieds de long. Combien cette corde vaut-elle de stères et décist., et combien doit-on payer le stère, si le prix de la corde était de 85 fr.?

8 × 4 = 32 × 5 = 160 pieds cubes.

Rapport : 34 décimèt. cubes, 277 centimèt. × 160 = 5 stères, 4 décistères, 8.432 dix-millièmes de décistère = 5 stères, 5 décistères, valeur de la corde.

85 fr. : 5,5 = 15 fr., 45 c., prix du stère.

XLV.

La corde des eaux et forêts vaut en stères 3,8.391 ; combien contient-elle de pieds cubes ?

3 stères, 8.391 = 3.839 décimèt. cubes, 1 dixième.

Rapport : 0p,02.917 × 3.839,1 = 111 pieds, 986.547 = 112 pieds cubes.

XLVI.

Combien 75 solives anciennes valent-elles en décistères?

Rapport: 1 décistère, 028 × 75 = 77 décistères, 1 dixième, ou 7 stères, 7 décistères, 1 dixième.

XLVII.

Combien 87 décistères valent-ils de solives anciennes?

Rapport : 0 solive, 973 × 87 = 84 solives, 6 dixièmes.

XLVIII.

Le prix de l'ancienne solive étant de 8 francs, on demande quel sera le prix du décistère?

8 francs × rapport 0 solive, 973 = 7 francs, 78 centimes, 4 dixièmes de centime.

XLIX.

Quelqu'un a acheté un lot de bois à raison de 9 francs la solive, combien faut-il le revendre le décistère pour gagner 75 centimes par solive?

9 fr. + 0,75 = 9 fr., 75, prix qu'il faut vendre la solive.

9,75 × 0,973 = 9 fr., 48 c., 675 millièmes =

9 fr., 49 c., prix du décistère.

CAPACITÉ.

L.

Combien 786 pintes anciennes valent-elles en litres?

La pinte : 0 litre, 9.313 qui × 786 pintes = 732 litres.

LI.

On demande combien 732 litres font en anciennes pintes de Paris?

Litre : 1 pinte, 074 × 732 = 786 pintes.

LII.

Une personne ayant acheté des liqueurs qui lui reviennent à 3 fr., 45 c. la pinte, désire savoir combien il faut qu'elle les revende le litre pour gagner 50 centimes sur chaque litre?

3 fr., 45 × 1 pinte, 074 = 3 fr., 70 centimes le litre, prix coûtant.

3 fr., 70 + 0,50 = 4 fr., 20 c., prix qu'il faudra revendre le litre.

PESANTEUR.

LIII.

On demande combien 786 livres, poids de marc, font de kilogrammes?

Rapport : 0 kilog., 4.895 × 786 = 384 kilogram., 747 grammes.

LIV.

Combien 247 kilogrammes, 142 grammes, valent-ils de livres, onces, gros, etc.?

Rapport : 2 liv., 0.429 × 247,142 = 504 livres, 8.863.918.

0,8.863.918 × 16 onces, valeur de la livre, = 14 onces, 1.822.688.

0,1.822.688 × 8 gros, valeur de l'once = 1 gros, 4.581.504.

0,4.581.504 × 72 grains, valeur du gros = 32 grains, 9.868.288.

247 kilog., 142 grammes = 504 livres, 14 onces, 1 gros, 33 grains.

LV.

Combien 5 onces valent-elles de grammes?

L'once = 30 grammes, 59 centigrammes.

30,59 × 3 = 91 grammes, 77 centigrammes.

LVI.

Un épicier qui a acheté du sucre 0 fr., 95 c. la livre, poids de marc, désire savoir combien il doit le revendre le kilogramme pour gagner 0 fr., 15 c. par kilogramme?

0,95 × rapport 2 liv., 0.429 = 1 fr., 94 centimes, prix coûtant.

1 fr., 94 + 0 fr., 15 c. = 2 fr., 09 c., prix qu'il faudra le revendre.

LVII.

Lorsque le kilogramme coûte 1 fr., 94 c., à combien revient la livre, poids de marc?

1 fr. 94 + rapport 0 kilo, 4.895 = 0 fr., 94 c., 963 millièmes de centime = 0 fr., 95 c. la livre.

TABLE DES MATIÈRES.

FIN.

www.ingramcontent.com/pod-product-compliance
Ingram Content Group UK Ltd.
Pitfield, Milton Keynes, MK11 3LW, UK
UKHW020321230726
13925UKWH00002B/557